信息技术场景化实训教程

（上册）

侯广旭　董捷迎　何　琳　主　编◎

電子工業出版社
Publishing House of Electronics Industry
北京 · BEIJING

内 容 简 介

本教材依据教育部颁布的《中等职业学校信息技术课程标准（2020年版）》中基础模块进行编写，全面落实课程目标，基于信息技术核心素养的培养选择和组织教学内容，努力呈现经济、政治、文化、科技、社会、生态等发展的新成就、新成果，充实学生社会责任感、创新精神、实践能力培养的相关内容，开阔学生眼界，激发学生求知欲，适合作为中等职业学校学生公共基础课教材。

本教材融入真实工作内容，突出职业教育的特点，促进信息技术学科核心素养的落实，以典型工作任务作为学习项目，创设未来职业情境，帮助学生了解信息技术的应用场景，引导学生“做中学、学中做、做中思”，积累知识技能，提升综合应用能力。

本教材为《信息技术》上册，包括信息技术应用基础、网络应用、图文编辑三个学习单元。本教材编写遵循职业教育规律、中职学生的心理特征和认知发展规律，充分体现“教学做”一体化的职业教育特色，以促进学生良好发展。

图书在版编目（CIP）数据

信息技术场景化实训教程. 上册 / 侯广旭，董捷迎，何琳主编. —北京：电子工业出版社，2022.12

ISBN 978-7-121-44833-1

Ⅰ. ①信… Ⅱ. ①侯… ②董… ③何… Ⅲ. ①电子计算机－中等专业学校－教材 Ⅳ. ①TP3

中国国家版本馆CIP数据核字（2023）第004385号

责任编辑：柴　灿　　文字编辑：徐云鹏
印　　刷：北京捷迅佳彩印刷有限公司
装　　订：北京捷迅佳彩印刷有限公司
出版发行：电子工业出版社
　　　　　北京市海淀区万寿路173信箱　邮编　100036
开　　本：880×1 230　1/16　印张：13　字数：299.5千字
版　　次：2022年12月第1版
印　　次：2022年12月第1次印刷
定　　价：49.80元

凡所购买电子工业出版社图书有缺损问题，请向购买书店调换。若书店售缺，请与本社发行部联系，联系及邮购电话：（010）88254888，88258888。

质量投诉请发邮件至zlts@phei.com.cn，盗版侵权举报请发邮件至dbqq@phei.com.cn。

本书咨询联系方式：（010）88254550，zhengxy@phei.com.cn。

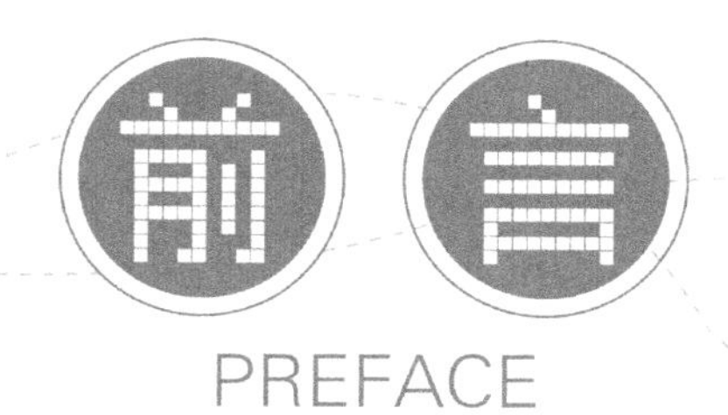

信息技术，是主要用于管理和处理信息所采用的各种技术的总称。信息化已经成为各国经济社会发展的强大动力，推动了人类社会以前所未有的速度走向新的历史高度，以信息技术为中心的新技术革命将成为世界科技和经济发展史上的新亮点。《中等职业学校信息技术课程标准（2020年版）》就是在这种背景下由教育部组织制定、实施的。

本套教材严格按照《中等职业学校信息技术课程标准（2020 年版）》中基础模块的要求编写，分为上、下两册。上册包括信息技术应用基础、网络应用、图文编辑三个学习单元，下册包括数据处理、程序设计入门、数字媒体技术应用、信息安全基础和人工智能初步五个学习单元。本教材全面落实课程目标，基于信息技术核心素养的培养选择和组织教学内容，努力呈现经济、政治、文化、科技、社会、生态等发展的新成就、新成果，充实学生社会责任感、创新精神、实践能力培养的相关内容，力求呈现以下特点。

1. 落实立德树人根本任务。注重将立德树人贯穿于教学全过程，在将信息技术发展趋势和新成果融入教材，帮助学生了解信息技术发展过程的同时，引导学生树立正确的世界观、人生观和价值观。

2. 注重学科核心素养的培养。以培养信息技术学科核心素养为目标，注重实践教学和解决工作、生活中的实际问题，激发学生兴趣，增强学生的信息意识、社会责任，提升数字化学习和创新能力。

3. 突出职业教育特色。突出教学内容的实用性和实践性，坚持以全面素质为基础，以能力为本位，以应用为目的。通过创设未来职业情境，帮助学生了解信息技术的应用场景，引导学生“做中学、学中做、做中思”，积累知识技能，提升综合应用能力。

4. 配备丰富的教学资源。配备了电子教案、学习指南、教学素材、习题答案、教学视频和课程思政素材库等内容的资源包，为教师备课、学生学习提供完善的数字化教学资源。

本教材由侯广旭、董捷迎、何琳任主编，邓凯、刘佳、沈天瑢、赵辉、刘冬梅、徐正文、赵岩、曹剑英、闫昊伸、谢红涛、赵婧、刘品生、梁爽等参与了编写工作。其中学习单元 1 由邓凯、刘佳编写；学习单元 2 由沈天璐、赵辉、何琳编写；学习单元 3 由刘冬梅、徐正文编写；学习单元 4 由赵岩、曹剑英编写；学习单元 5 由闫昊伸编写；学习单元 6 由谢红涛、赵婧、侯广旭编写；学习单元 7 由刘品生、侯广旭编写；学习单元 8 由梁爽、侯广旭编写。全书由侯广旭、何琳完成统稿工作。

由于编者水平有限，本教材中难免有疏漏和不足之处，恳请各位专家和读者批评指正。

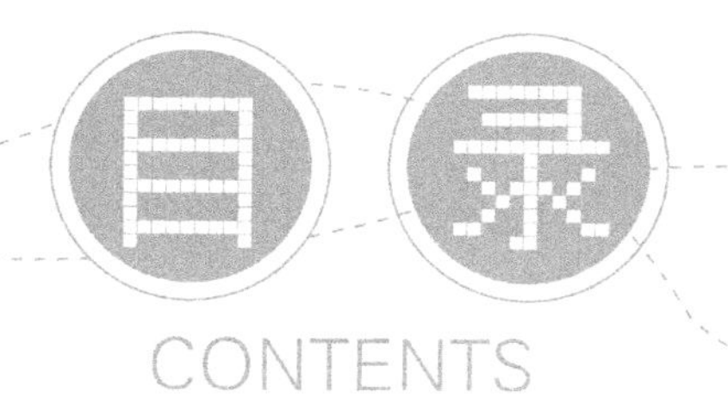
目录
CONTENTS

1

学习单元

信息技术应用基础

主题项目　搭建办公环境

项目说明

亲爱的读者，也许你立志成为科学家，或是发明家，也许你立志成为一名医术高明的医生，或是一名博学的教师，一名成功的商人。无论是什么，首先祝贺你，这说明你有明确的成长目标。

当今信息技术的普及和知识经济的崛起，带来了信息社会的蓬勃发展，人类社会已进入一个崭新的时代，即信息时代。信息化对人类社会生活的方方面面，包括政治、经济、生活、文化、教育等领域都带来极为深刻的影响。无论你将来要从事什么行业，只有掌握信息技术，才能在未来的工作、创业中，遵循信息时代的基本规律，不至于去追求一些错误的，或者永远不可能达成的目标。同样地，你必须具备应用信息技术的基本能力，才能科学地解决工作、生活中的问题，适应时代发展要求。

希望你完成本项目的学习，能了解当今信息时代的基本常识，具备应用信息技术的基本能力。

项目情境

小新科技服务公司（简称小新科技公司）是一家初创互联网微型企业，公司租用了一间 150 平方米的办公室，已开通光纤宽带。公司有员工 10 人，配备计算机、打印机、扫描仪等信息设备。信息部接到的任务是在一周内完成办公环境的搭建，提升企业办公效能。

下面我们将和学习者小明一起，体验办公环境的搭建过程。

任务1.1 认识信息技术与信息社会

通过“认识信息技术与信息社会”的学习，能了解信息技术的发展历程和应用前景，能理解信息社会的特征，能认识信息技术与人类社会生产、生活深度融合产生的巨大影响，能理解合理运用信息技术解决生产、生活和学习中问题的重要意义，能在信息活动中自觉践行社会主义核心价值观并履行信息社会责任。

任务情境

经过介绍，小明认识了信息部负责人张高工程师，张工看起来非常忙碌。

“张工好！我是新来的小明，很荣幸能跟随您完成这个任务。”小明礼貌地介绍自己。

“新来的？那我要看看你有没有这个潜质。”张工递过一叠学习资料，“先看这些资料，提高对信息技术与信息社会的认识，然后我会测试你，别的事再说吧。”说完就急匆匆地走了。

学习目标

1. 知识目标

能说出信息、信息技术和信息社会的发展历程及基本内涵。

2. 能力目标

能通过对生活变化的观察，阐述信息技术对个人生活、工作、学习产生的巨大影响，引发对现象背后的本质和价值的深度思考。

3. 素养目标

关注并思考信息技术革命所带来的环境问题与人文问题，培养学生自觉履行信息社会责任。

活动要求

借助学习资料开展自主学习，完成对信息技术与信息社会的认识。

任务分析

小明开始看那叠学习资料。

资料内容很杂，有信息技术发展历程介绍，有信息技术在各行各业的典型应用案例，有信息技术的相关法律法规。

从哪里学起呢？小明想起了老师教过的工作任务分析法。

（1）将工作内容逐一列出来。

（2）列出每项内容的所有环节。

（3）按重要性或流程进行排序。

（4）最终依照重要性以及可能遇到的困难，设定学习内容并制定实施方案。

小明用思维导图的方式对任务进行分析，如图 1-1 所示。

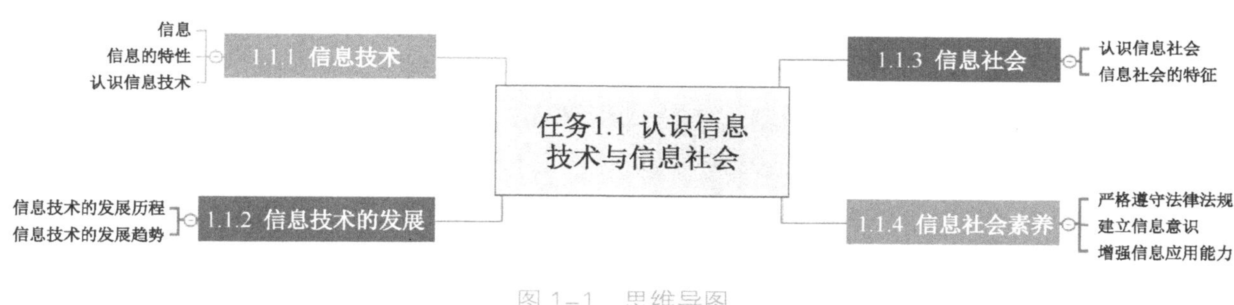

图 1–1 思维导图

小明厘清了思路，按思维导图整理好资料，开始对“认识信息技术与信息社会”进行学习。

任务实施

1.1.1 信息技术

信息无处不在，我们每天会接触各种信息。我们手机上的微信文字、音乐、视频等是信息；我们在电视上看到的新闻、访谈、演唱会等是信息；我们阅读的书籍、写下的文字等也是信息；就连我们身体内每一段 DNA 也用编码蕴含了无穷的信息。

信息一词很早就有。宋代诗人陈亮的诗如图 1-2 所示。

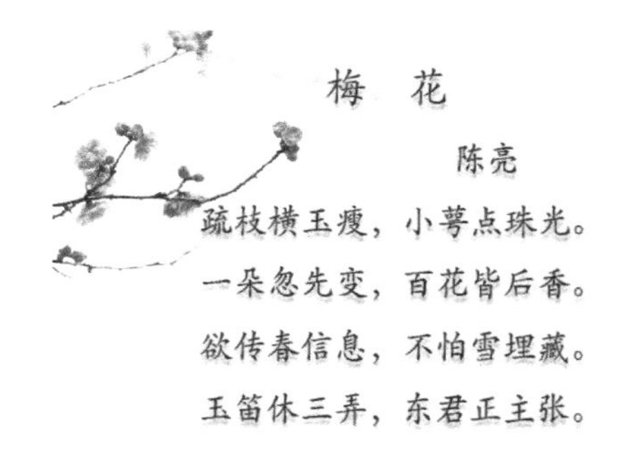

图 1–2 宋代诗文中的“信息”

作为南宋的爱国诗人，陈亮心系国家安危，一生为北伐金虏、恢复中原奔走呼号，屡遭迫害却矢志不悔，始终保持着崇高的民族气节。本诗中“欲传春信息，不怕雪埋藏”一句，意思为梅花为了报告春天到来的消息，不怕严寒大雪压，表达了爱国诗人的铮铮铁骨。

那么，什么是信息呢？小明在资料中发现了不同的说法。

1. 信息

信息通常指音讯、消息、通信系统传输和处理的对象，泛指人类社会传播的一切内容。自古以来，人们通过获得、识别自然界和社会的不同信息来区别不同事物，认识和改造世界。信息有不同的形式及载体。

信息的形式：即信息的呈现形式，如文字、图片、声音、动画等。

信息的载体：即信息的承载物，如纸张、胶片、磁带、光盘、硬盘等。需要注意的是，载体本身不是信息，如图 1-3 所示。

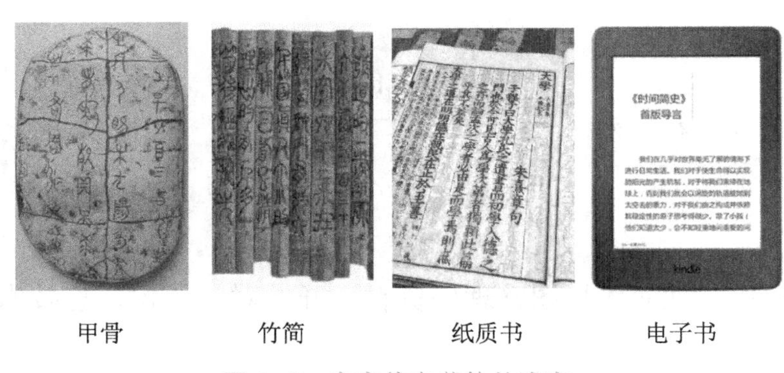

甲骨　　竹简　　纸质书　　电子书

图 1-3　文字信息载体的演变

古代常用“学富五车”来形容一个人的博学，因为古时候人们通常用笨重的竹简记载信息，以至于搬家时需用很多车来拉。但现在一张薄薄的光盘所容纳的信息就远远超过了“五车”。1994 年，比尔盖茨坐在 33 万张纸上，手中拿着一张光盘告诉全世界：一张光盘能记录的内容比这 33 万张纸都多，如图 1-4 所示。

怎么理解信息呢？我们看这样一个例子。“快来啊，门口有只猫在偷鱼！”“鱼挂在高处，它是怎么够到的？”如果没有具体信息，那么人们很难向其他人描述这件事。必须有足够的信息才能描述：一只黄白色的猫高高跃起正在偷鱼。我们可以用语言描述这件事，也可以通过图片说明这件事，还可以通过视频记录这件事的过程，如图 1-5 所示。

图 1-4　比尔盖茨展示光盘的信息记录能力

图 1-5　用图片描述“猫偷鱼”的过程

通过这个例子我们发现，信息越具体、越完整、越详细，越能还原事物的真相，揭示事物的本质。

小游戏：猜猜这是谁

此游戏为多人游戏。A 为主持人，向 B 出示三位名人的姓名，B 要用语言向多名参与者描述，但是不能说出姓名。全部猜出来或到达规定时间后结束本轮游戏，互换角色开始下一轮。看看谁描述得最精准，谁猜得最快，谁猜的正确率最高。

2. 信息的特性

信息的特性即信息的属性和功能，信息具有以下特性。

普遍性：在自然界和人类社会中，事物都是在不断发展和变化的，事物所表现出来的信息也是无时无刻、无所不在的，因此，信息是普遍存在的。由于事物的发展和变化是不以人的主观意识为转移的，所以信息也是客观的。

依附性：信息不是具体的事物，也不是某种物质，而是客观事物的一种属性。信息必须依附于某个客观事物（媒体）而存在。同一个信息可以借助不同的信息媒体表现出来。

共享性：信息是一种资源，具有使用价值。信息传播的面积越广，使用信息的人越多，信息的价值和作用越大。信息在复制、传递、共享的过程中，可以不断地产生副本。但是，信息本身不会减少，也不会被消耗掉。

价值性：信息能够满足人们某些方面的需要，信息价值的大小是相对的。不存在绝对无用的信息，但存在对于特定人群的无用信息。

时效性：随着事物的发展与变化，信息的可利用性会相应地发生变化。信息随着时间的推移，可能会失去其可利用性，可能变成无效信息。这就要求人们必须及时获取信息，利用信息。

请找到生活中与信息特性相关的案例，填写在表 1-1 中。

表 1–1 信息特性的生活实例

信息特性	举例
普遍性	
依附性	
共享性	
价值性	
时效性	

通过前面的学习，相信大家对信息及其特性已经有所了解，我们继续学习什么是信息技术。

3. 认识信息技术

对信息技术我们应该不陌生，在生活中有很多信息技术的应用。信息技术的广泛应用让我们的生活更便捷、更美好。

说一说：信息技术的应用

同学们逐一列举自己了解的信息技术在生活中的应用实例。每人列举的实例不能重复，必要的时候可以加以说明。

示例：我来说一个，乘公交车不用准备现金，刷公交卡就可以乘车。

提示：指纹签到、智能音箱、刷码付费、售饭系统、网上购物、网络游戏、导航地图等。

信息技术是指在信息的获取、整理、加工、存储、传递和利用过程中所采用的技术和方法。

信息技术的本质是人类在了解、把握和改善自身生存环境过程中实现获取信息、处理信息、存储信息、传递信息、控制信息等的能力。

信息技术的作用是代替、扩展和延伸人的信息功能，见表 1-2。

表 1–2　人的信息功能与信息技术的对应

信息处理流程	信息获取	信息加工	信息传递	信息存储	信息施用
人的信息功能	感觉器官	思维器官	神经系统	大脑皮层	效应器官
对应信息技术	感测与识别技术	计算与智能技术	通信技术	存储技术	控制与显示技术

小明对效应器官不太明白，赶紧掏出手机，准备上网查一下什么是效应器官。通过搜索，小明知道效应器官包括操作器官（如手、脚）、行走器官（如腿）、语言器官（如口）等，是负责执行身体行动的。小明终于看懂了这张表，原来信息技术就是为了代替、扩展和延伸人的信息功能而不断得到发展的。

1.1.2　信息技术的发展

1. 信息技术的发展历程

信息技术自人类社会形成以来就存在，并随着科学技术的进步而不断变革。

第一次信息技术革命是以语言的产生和应用为特征的。语言的产生是历史上最伟大的信息技术革命，它成为人类社会信息活动的首要条件。

第二次信息技术革命是以文字、纸张的产生和使用为特征的。没有文字，人类文明就不能很好地流传下来。

第三次信息技术革命是以印刷术的发明为特征的。它的发明解脱了古人手抄多遍的辛苦，同时也避免了因传抄多次而产生的各种错误。

第四次信息技术革命是以电信传播技术的发明为特征的。我们今天能够方便地使用电报和电话与远方的亲友联系，是靠它来实现的。

第五次信息技术革命是以电子计算机和通信卫星的出现为特征的。计算机的普及和计算机与通信技术的结合产生了现代信息技术。

现代信息技术是用现代科技手段开展信息处理的技术，其中信息学是基础，计算机技术是核心，通信技术是支柱。现代信息技术使机器开始取代人的部分脑力劳动，扩大和延伸了人的思维、神经和感官的功能，使人们可以从事更富有创造性的劳动。这是前所未有的变革，是人类在改造自然中的一次飞跃。

2. 信息技术的发展趋势

信息技术的发展日新月异，正加速改变人们的生产生活，推动各产业、各环节的深刻变革。新一轮重大信息技术革新，将不断满足人们对美好生活的需求，促进信息产业价值链的提升，提高经济社会的发展质量和效益。

趋势一：虚拟现实技术应用广泛

虚拟现实技术（包括虚拟现实、增强现实、混合现实，简称 VR/AR/MR）是融合应用了多媒体、传感器、新型显示、互联网和人工智能等多种前沿技术的综合性技术。随着虚拟现实产品与技术的不断进步，虚拟现实技术的应用需求日益明确，应用场景也更加丰富，对人类认识世界、改造世界的方式带来颠覆式变革。虚拟现实技术在教育、军事、制造、娱乐、医疗、文化艺术、旅游等领域有望深度融合，具有巨大的市场潜力，如图 1-6 所示。

趋势二：智能家居深入人心

智能家居是指使用了语音交互、机器深度学习、自我调控等技术的智能家居产品，具有自然交互能力、智能化推荐等智能能力。智能家居产品的典型代表是智能音箱。智能家居产品已经不仅单纯具有使用功能，还可以作为管理家庭场景的物联网接口。展望未来，智能家居产品将向以用户为中心的智慧家庭演进，多种家居产品将根据用户自定义实现联动，实现人工智能操作，为居民提供更方便、更愉悦、更健康、更安全的生活体验，如图 1-7 所示。

图 1-6　同学们正在体验 VR 操作

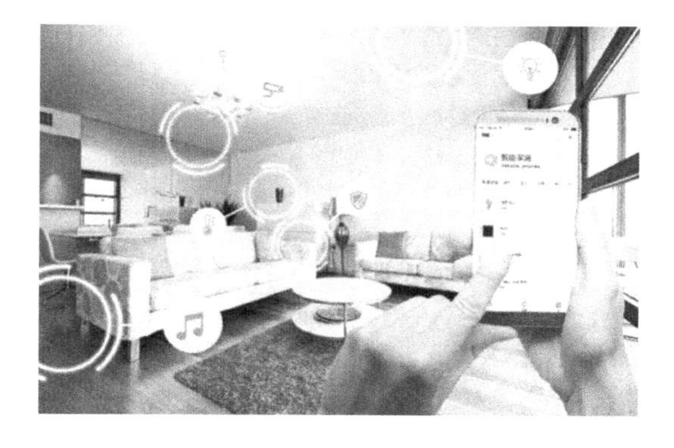

图 1-7　用智能终端实现家居联动

趋势三：车联网势不可挡

智能网联汽车是实现智能驾驶和信息互联的新一代汽车，具有平台化、智能化和网联化的特征。智能网联汽车搭载先进的车载传感器、控制器、执行器等装置和车载系统模块，融合现代传感技术、控制技术、通信与网络技术，具备信息互联共享、复杂环境感知、智能化决策与控制等功能。展望未来，车联网产业的发展将促进汽车、电子、信息通信、道路交通运输等行业深度融合，创造更安全、更舒适、更高效的出行方式，如图 1-8 所示。

趋势四：智能制造产业升级

智能制造全面推进，生产方式加速向数字化、网络化、智能化变革，供给能力稳步提升。智能制造和工业互联网不断融合，企业不断推进智能转型升级。数字化工厂建设速度加快，形成若干可复制和推广的智能制造新模式，标准体系正在逐步完善。智能制造向制造业的全领域推广，带动制造业转型升级，提升行业竞争力。智能制造未来的发展必将使大量简单工作、重复劳动、危险环境的岗位由机器取代。当然，这也带来新的就业和转岗培训问题，需要引起社会的重视，如图 1-9 所示。

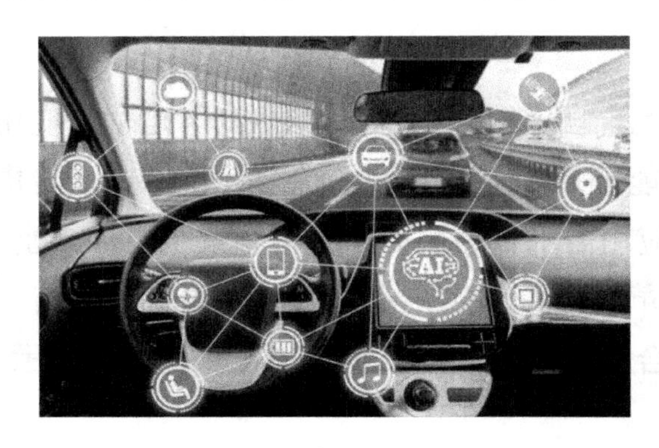

图 1-8 车联网示意图

图 1-9 智能制造工厂

趋势五：云计算潜力巨大

云计算是分布式计算中的一种，指的是通过网络“云”将巨大的数据计算处理程序分解成无数个小程序，然后通过多台服务器组成的系统进行处理和分析，可以在很短的时间内完成对海量数据的处理，从而实现强大的网络服务。随着数字经济的发展，数字化转型需求旺盛，云计算潜力不断被激发，云服务市场保持快速增长。企业将信息系统向云平台迁移，利用云计算加快数字化、网络化、智能化转型。云计算企业将进一步强化云生态体系建设，如图 1-10 所示。

图 1-10 亚洲最大的第四代数据中心：浪潮云计算中心

趋势六：大数据创新发展

大数据是海量数据与强大计算能力结合的结果。确切地说是移动互联网、物联网产生了海量的数据，大数据计算技术完美地解决了海量数据的收集、存储、计算、分析的问题。大数据作为一种具有颠覆性特质的新兴技术，正在各行业创造着巨大的价值。无论是电商行业的“推送定制”，还是工业领域的“提高效率”，都展现出大数据的影响力。随着大数据的快速发展，就像计算机和互联网一样，很有可能迎来新一轮技术革命。随之兴起的数据挖掘、机器学习和人工智能等相关技术，可能会改变数据世界的很多算法和基础理论，实现科学技术的整体飞跃，如图 1-11 所示。

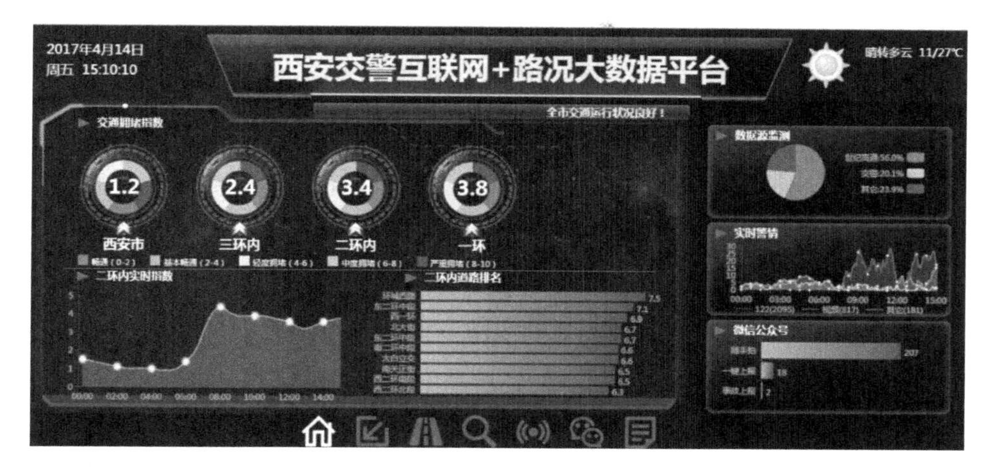

图 1-11　大数据下的调度决策

在此列举的发展趋势仅具代表性，不能涵盖信息技术发展的全部趋势，各行各业与信息技术应用的融合将带来行业的高速发展和巨大变革。同学们，不要错过这伟大的变革期，砥砺奋进正当时，让我们共同创造美好的未来！

说一说：信息技术的未来

同学们根据信息技术的五次革命，结合对人类社会和信息技术发展趋势的理解，大胆预测一下：下一次信息技术革命的特征是什么？未来我们的生活会因为信息技术发生什么样的变化？

1.1.3　信息社会

1. 认识信息社会

信息技术迅速而深刻地改变着人们的生产、生活、学习和工作方式，对社会生活产生了巨大影响，使人类社会进入了信息社会。

2. 信息社会的特征

信息社会是人类社会发展进程之一，除了具备人类社会的本质，还具备以下特征：

（1）信息技术改变人们的工作、学习和生活方式

信息技术的发展使网络成为信息的主要来源，因特网成为主要的媒体，物联网、移动终端、社交工具、远程教育、远程办公、远程医疗等越来越普及，使社会发生了根本性变化。信息技术的广泛应用促进了人们的工作效率和生活质量的提高，人们的工作方式和学习方式也正发生转变。网络技术、多媒体技术在教学上的应用，使得人们的学习内容更丰富、学习方式更灵活。足不出户可知天下事，网上娱乐、网上看病、网上授课、网上学习、

网上会议、网上购物等成为新的生活方式。

（2）信息技术推动社会经济发展

20 世纪末以来，信息产业成为经济发展中增长速度最快的先导产业。信息技术的空前发展，使人们了解信息、传递信息的渠道增多、速度变快，信息的及时性和有效性变强。信息技术首先推动了与信息相关产业的进步与发展，如生物技术和电子技术等，然后新媒体、新材料、新能源等新产业也得到巨大发展，使科技作为人类社会第一生产力的地位更为突出，促进了世界经济结构的调整和产业优化升级。

（3）信息技术促进政治文明和社会进步

社会主义民主政治的核心是人民当家作主，要保证人民在社会政治生活中有广泛持续深入参与的权利。从 20 世纪 80 年代中期起，我国开始将信息通信技术应用和网络建设纳入政府工作中，各级地方政府建立了政府网站和电子社区服务平台，为民众提供直接接入的公共服务，改善了信息流，加强了政府与民众的交流。使政府信息能更方便、更直接地公布于众，民众可以在网上直接与政府对话和互动交流，还可以通过微博、公众号、短视频平台等多渠道参与重大问题的讨论和决策，促进了社会的进步。

1.1.4 信息社会素养

信息技术为人们的生产、生活、学习和工作带来了巨大便利，但我们也要认识到，信息技术对社会发展也有一些负面影响。

如令人不胜其烦的大量信息垃圾；谣言、色情、网络暴力等不良信息的滋生；以网游、追剧、网聊为代表的网瘾问题；病毒、勒索、诈骗、赌博、盗卖信息等高新技术犯罪。

这就是科技的两面性，带来进步和便利的同时一定会带来新的社会问题，不能认为其带来了问题就粗暴地否定、拒绝。我们每个人都应该自觉履行信息社会责任。信息社会责任是指在信息社会中，个体在文化修养、道德规范和行为自律等方面应尽的责任，这也是对现代社会合格公民的基本要求之一。

首先要了解我国关于信息技术应用与信息安全的相关法律法规。

1. 严格遵守法律法规

在信息社会发展的过程中，要实现信息安全，必须制定完善的法律法规。那么，与信息相关的主要法律法规有哪些呢？

我国法律体系由法律、行政法规、地方性法规三个层次构成。

首先是五个相关法律：

《中华人民共和国刑法》《中华人民共和国国家安全法》《中华人民共和国个人信息保护法》《中华人民共和国保守国家秘密法》《中华人民共和国电子签名法》。

其次是若干相关行政法规：

如《中华人民共和国计算机信息系统安全保护条例》《互联网安全保护技术措施规定》

《计算机信息网络国际联网安全保护管理办法》《互联网信息服务管理办法》等。

严守法律法规是对合格公民的基本要求。请大家制订计划，进行拓展学习，了解相关法律法规。

小明掏出记事本，开始制订学习计划。

小明立志通过学习相关法律法规，明法、守法，让法律意识渗透日常学习、工作、生活中。

2. 建立信息意识

信息意识是指人对信息敏锐的感受力、洞察力和判断力。主要包括：

（1）辨别或预判信息安全风险。

（2）对信息系统的优缺点有全面、理性的认识。

（3）认识信息法律法规与伦理道德对信息社会的制约作用。

（4）尊重知识产权，维护个人与他人的合法权益。

（5）正视技术发展给社会带来的环境、人文问题。

（6）对待技术快速发展的积极态度。

3. 增强信息应用能力

信息应用能力是信息社会素养的重要组成部分。信息应用能力的内容比较广泛，特别强调以下几点：

（1）运用信息工具能力。对于新工具、新方法能积极主动学习，并能够恰当、高效地利用工具。

（2）获取信息能力。能根据自己的目的收集信息，如采用阅读、访问、讨论、参观、实验、检索等方法。

（3）加工处理信息能力。即对收集的信息进行分类、归纳、鉴别、筛选、分析、综合、表达，并能概述和改造信息，使之更好地满足需求并有特色。

（4）创造信息能力。运用创造性思维创造新信息，并利用信息解决问题。

（5）危机处理能力，如病毒防治。

（6）养成个人信息安全习惯。

法制意识、信息意识、信息应用能力是现代公民信息社会素养的构成要件，严守法律法规、建立信息意识、增强信息应用能力也是每位公民在信息社会中的责任和担当。本书致力于现代公民信息社会素养的养成，希望大家为提升现代公民信息社会素养进行深入的学习。

学习检验

“学得怎么样？”张工推门进来了。

“张工好！感谢您提供的资料，我已经学完了，有很多收获。”小明很自信地说。

“好啊，那我要考考你。”张工微笑着说，然后拿出一张表。

该表为本任务的完成情况评价表（见表 1-3），请你根据实际情况填写此表。

表 1-3　完成情况评价表

任务要求	很好	好	不够好
能描述信息的各种特性			
能说出信息技术的五次革命			
能说出信息技术的发展趋势			
能说出信息技术对社会的影响			
能说出应当具备哪些信息社会素养			
能展望信息技术与信息社会的未来			

学习小结

测试完成了。

“你潜质不错啊。”张工看起来很满意。

“谢谢张工！学习过程中我有很多收获。”

“好啊，和我说一说。”

小明拿出学习总结，“我都记下来了，请您过目。”

表 1-4 是小明设计的学习总结表，请你根据自己的实际情况来填写。

表 1-4　学习总结表

主要学习内容	学习方法	学习心得	待解决的问题
整体总结：			

“相当不错，我认为你能和我一起完成这个任务。”张工似乎对小明越来越欣赏了。

拓展学习

数字鸿沟是指在全球数字化进程中，不同国家、地区、行业、企业、社区之间，由于对信息、网络技术的拥有程度、应用程度以及创新能力的差别而造成的信息落差及贫富进一步两极分化的趋势。

据研究资料显示，数字鸿沟造成的差别正在成为我国继城乡差别、工农差别、脑体差别“三大差别”之后的“第四大差别”，其本身已不仅仅是一个技术问题，而正在成为一个社会问题。

2020 年 8 月，一段“老人无健康码乘地铁受阻”的视频在网上热传，引发公众对于老年人遭遇“数字鸿沟”窘境的热议。同年 11 月 24 日，国务院办公厅印发《关于切实解决老年人运用智能技术困难的实施方案》，要求各部门聚焦涉及老年人的高频事项和服务场景，坚持传统服务方式与智能化服务创新并行，切实解决老年人在运用智能技术方面遇到的突出困难。

请以“关爱身边人，跨越数字鸿沟”为主题，开展社会调查，探究数字鸿沟形成的主要原因，给出科学结论和合理建议。

学习检测

1．下列不属于信息的是（　　）。

A．报纸上刊登的新闻　　B．书本中的知识
C．存有程序的软盘　　D．电视里播放的足球比赛实况

2．下列各项中，哪些不是描述信息的？（　　）

A．读书以明理　　B．知己知彼，百战百胜
C．书中自有黄金屋　　D．春雨贵如油

3．对于信息，下列说法中错误的是（　　）。

A．信息是可以处理的　　B．信息是可以传递的
C．信息是可以共享的　　D．信息可以不依附于某种载体而存在

4．案例：张三拿了一张 1998 年北京市的旧地图去找北京的某个地方，结果用了很长时间也没有找到。这个案例佐证了信息的（　　）。

A．依附性　　B．时效性　　C．共享性　　D．普遍性

5．下面属于信息技术应用例子的是（　　）。

①手机游戏　②网上购物　③微信聊天　④查杀病毒　⑤语音输入

A．①③④　　B．②③④⑤　　C．①②③⑤　　D．①②③④⑤

6．遵守信息法规，培养良好的信息道德，我们在生活中应该（　　）。

A．不上传虚假信息　　B．不剽窃他人的作品
C．不使用盗版软件　　D．以上三种都遵守

任务 1.2 认识信息系统

通过“认识信息系统”的学习，能了解信息系统的组成结构，能掌握二进制、十进制、十六进制等常用数制的换算方法，会借助计算器等工具进行数制换算，能了解数值、字符

等信息编码的形式，以及数据存储单位的概念，能掌握存储单位的换算方法。

任务情境

出色完成了上次任务的小明，工作态度也越来越积极。

这次他主动问张工："张工，今天我的任务是什么？"

"你知道二进制、十进制吗？"，张工边忙碌着边问道。

"知道，还有十六进制。"小明回答道。

"那你知道它们之间如何换算吗？"

"这个……"小明停顿了几秒，马上补充道："等我学习之后就知道了"。

张工抬头看了看小明，然后递过学习资料，"嗯，你要的答案就在这里，看看这次是否能通过我的测试。"

"我一定会努力的。"

学习目标

1. 知识目标

（1）能描述二进制、十进制、十六进制等常用数制的换算方法。

（2）能说明数值、字符等信息编码的形式。

2. 能力目标

（1）能借助计算器等工具进行数制换算。

（2）能对存储单位进行准确换算。

3. 素养目标

（1）通过学习数制、存储单位的换算，培养学生严谨细致的工作作风。

（2）通过对信息系统的学习，感受人类的伟大智慧，激发学生的学习动力。

活动要求

借助学习资料开展自主学习，完成对信息系统的学习。

任务分析

小明翻开厚厚的学习资料，开始了今天的学习。

资料里有关于信息系统的介绍，数制的分类与转换方法，数值、字符等信息编码的形式，存储单位的换算方法。

从哪里学起呢？小明想起了老师教过的工作任务分析法。

（1）将工作内容逐一列出来。

（2）列出每项内容的所有环节。

（3）按重要性或流程进行排序。

（4）最终依照重要性以及可能遇到的困难，设定学习内容并制定实施方案。

小明用思维导图的方式对任务进行分析，如图 1-12 所示。

图 1-12 思维导图

小明厘清了思路，按思维导图整理好资料，开始对“认识信息系统”进行学习。

任务实施

1.2.1 信息系统

那么，什么是信息系统呢？小明从资料中找到了答案。

1. 了解信息系统

信息系统（Information System），是指由计算机硬件、网络和通信设备、计算机软件、信息资源、信息用户和规章制度组成的以处理信息流为目的的人机一体化系统。简单地说，信息系统就是输入数据或者信息，通过加工处理产生信息的系统。

信息系统从概念上讲，在计算机问世之前就已经存在，但它的加速发展和日益为人瞩目却是在计算机和网络广泛应用之后。自 20 世纪初泰罗创立科学管理理论以来，管理科学与方法技术得到迅速发展。在与统计理论和方法、计算机技术、通信技术等相互渗透、相互促进的发展过程中，信息系统作为一个专门领域迅速形成。

作为用计算机处理信息的人机系统的信息系统，它在近半个世纪中得到迅猛发展，如图 1-13 所示。

说一说：信息系统的生活举例

同学们，请列举自己了解的信息系统应用实例，每人列举的实例不可重复，必要的时候可以加以说明。

示例：信息系统为我们的生活提供了便利，但是安全问题不容忽视，如个人隐私信息的泄露等。

提示：信息系统所有的硬件、软件和数据只有受到保护，不因偶然和恶意的原因而遭到破坏、更改和泄露，信息系统才能正常运行。

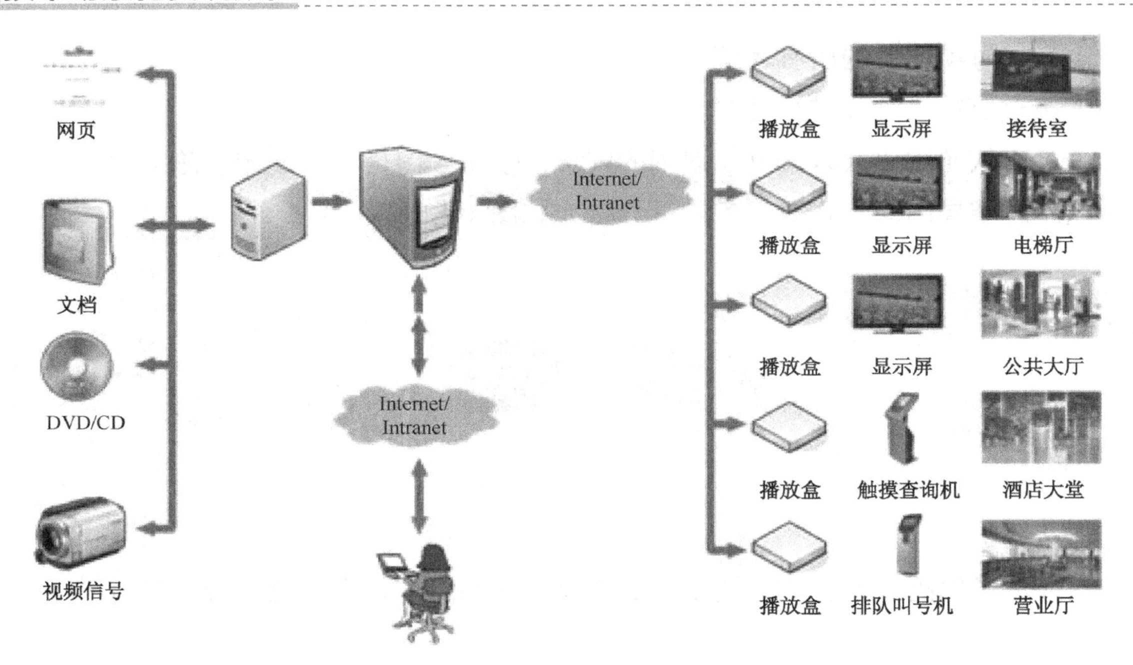

图 1-13　信息系统关系图

2. 信息系统的功能

信息系统的五个基本功能为输入、存储、处理、输出和控制。

（1）输入功能：信息系统的输入功能决定于系统所要达到的目的及系统的能力和信息环境的许可。

（2）存储功能：存储功能指的是系统存储各种信息资料和数据的能力。

（3）处理功能：基于数据仓库技术的联机分析处理（OLAP）和数据挖掘（DM）技术。

（4）输出功能：信息系统的各种功能都是为了保证最终实现最佳的输出功能。

（5）控制功能：对构成系统的各种信息处理设备进行控制和管理，对整个信息加工、处理、传输、输出等环节通过各种程序进行控制。

请找出生活中与信息系统功能相关的案例，填写在表 1-5 中。

表 1-5　信息系统的功能

基本功能	举例
输入功能	
存储功能	
处理功能	
输出功能	
控制功能	

通过前面的学习，相信大家对信息系统已经有所了解，下面继续学习信息系统的结构。

1.2.2 数制

1. 了解数制

数制也称为“计数制”，是用一组固定的符号和统一的规则来表示数值的方法。每种数制都包含两个基本要素：基数和位权。

（1）数码

数码是指数制中表示基本数值大小的不同数字符号。例如，十进制有 10 个数码：0、1、2、3、4、5、6、7、8、9。

（2）基数

基数是指数制所使用数码的个数。例如，二进制的基数为 2；十进制的基数为 10。

（3）位权

位权是指数制中某一位上的“1”所表示数值的大小（所处位置的价值）。例如，十进制的 123，1 的位权是 100，2 的位权是 10，3 的位权是 1。二进制中的 1011 （一般从左向右开始），第一个 1 的位权是 8，0 的位权是 4，第二个 1 的位权是 2，第三个 1 的位权是 1。

（4）计数

计数是指计数的规则。在人们使用最多的进位计数制中，表示数的符号在不同的位置上时，所代表的数的值是不同的。

2. 数制的分类

虽然计算机能极快地进行运算，但其内部并不像人类在实际生活中使用的十进制，而是使用只有 0 和 1 两个数值的二进制。人们向计算机中输入的十进制数会被转换成二进制数进行计算，计算后的结果又由二进制数转换成十进制数，这些都由操作系统自动完成，不需要人们手工去做。学习汇编语言，就必须了解二进制和十六进制。

（1）十进制

十进制是人们在日常生活中最熟悉的进位计数制。在十进制中，数用 0，1，2，3，4，5，6，7，8，9 这十个符号来描述，计数规则是“逢十进一”。

（2）二进制

二进制是在计算机系统中采用的进位计数制。在二进制中，数用 0 和 1 两个符号来描述，计数规则是进位“逢二进一”，借位“借一当二”。

（3）十六进制

十六进制是人们在计算机指令代码和数据的书写中经常使用的进位计数制。在十六进制中，数用 0，1，…，9 和 A，B，…，F（或 a，b，…，f）这 16 个符号来描述。计数规则是“逢十六进一”，见表 1-6。

表 1-6　十进制与十六进制对应数值

十进制	0	1	2	3	4	5	6	7	8	9	10	11	12	13	14	15
十六进制	0	1	2	3	4	5	6	7	8	9	A	B	C	D	E	F

以上三种数制的表示方法如图 1-14 所示。

十进制数（Decimal number）：

◆ $(1010)_{10}$，1010D，1010

二进制数（Binary number）：

◆ $(1010)_{2}$，1010B

十六进制数（Hexadecimal number）：

◆ $(1010)_{16}$，1010H

图 1-14　三种数制的表示方法

3. 数制的转换

（1）十进制数和二进制数之间的转换

①十进制数转换成二进制数。整数部分，把十进制数转换成二进制数需一直分解至商数为 0，读余数，从下读到上，就是二进制数的整数部分数字。小数部分，则用其乘 2，取其整数部分的结果，再用计算后的小数部分依此重复计算，算到小数部分全为 0 为止，然后读所有计算后整数部分的数字，从上读到下。

②二进制数转换成十进制数。二进制数转换成十进制数的转换原理：从二进制数的右边第一个数开始，每个数乘以 2 的 n 次方，n 从 0 开始，每次递增 1，然后得出来的每个数相加就是十进制数。

二进制数转换成十进制数

（2）十进制数和十六进制数之间的转换

十进制数每位有 10 个可能的值：0—9。十六进制数则在这些数字的基础上加 A、B、C、D、E。在同时书写不同数制的数时，需要标明是哪种进制的数。如十进制的 512，在右下方写上 10，读作“五百一十二，十进制数”；十六进制的 512 是十进制的 1298，在 512 右下方写上 16，表示是十六进制数。

（3）二进制数和十六进制数之间的转换

说一说：数制的转换

请思考并讨论，数制的转换还有哪些方法呢？能否使用其他工具呢？

（4）使用“计算器”进行数制的转换

有时需要对十六进制数做加减乘除，有些手机的应用程序能实现此功能，但使用起来比较麻烦，其实 Windows 自带的“计算器”就可以实现四种数制的转换。下面以 Windows 10 操作系统为例，介绍数制之间的转换。

【操作步骤】

①单击“开始”菜单，在弹出的快捷菜单中找到并单击“计算器”命令，如图 1-15 所示。

②进入“计算器”主界面，如图 1-16 所示。

③单击≡后，在下拉列表中选择“程序员”，如图 1-17 所示。

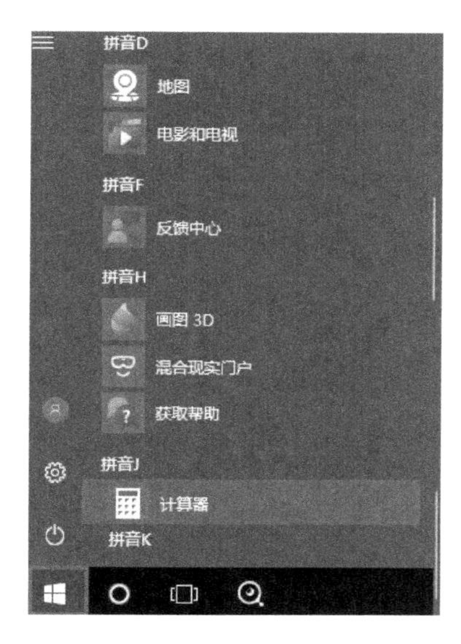

图 1-15 运行计算器程序

图 1-16 “计算器”主界面

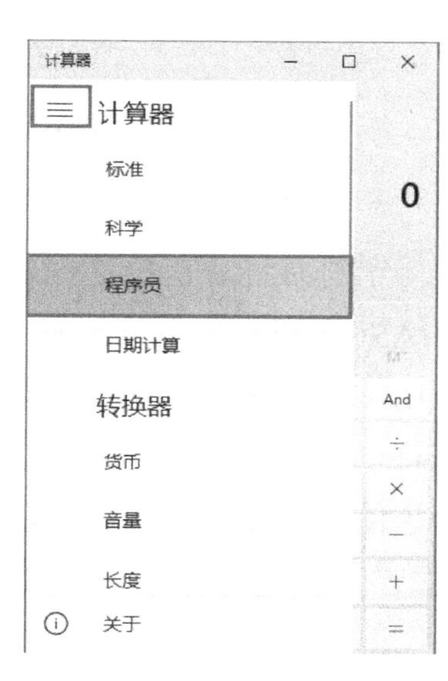

图 1-17 选择“程序员”

④从上到下依次是十六进制、十进制、八进制、二进制，如图 1-18 所示。

⑤默认是十进制的界面，我们输入数字 10，可以看到 10 转换为其他进制的数，如图 1-19 所示。

⑥也可以选择其他进制，如十六进制，如图 1-20 所示。

试一试

请同学们尝试使用 Windows 10 自带的计算器实现数制的转换，并在手机、平板电脑等信息技术设备上找到计算器程序，进行数制的转换操作。

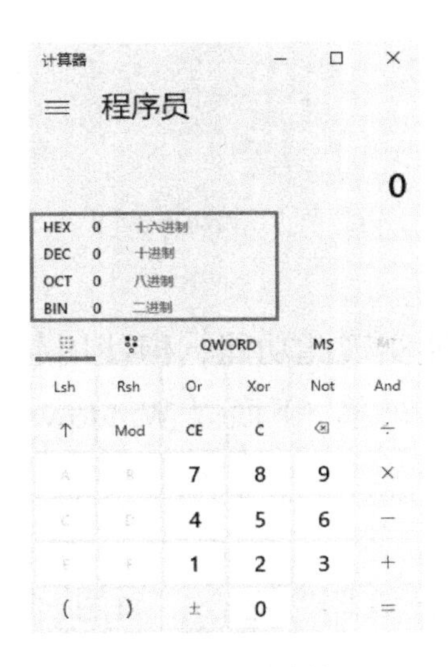

图 1-18　四种数制

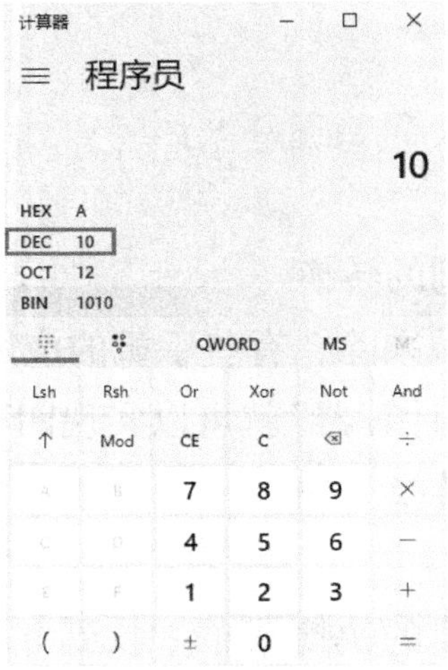

图 1-19　十进制的界面

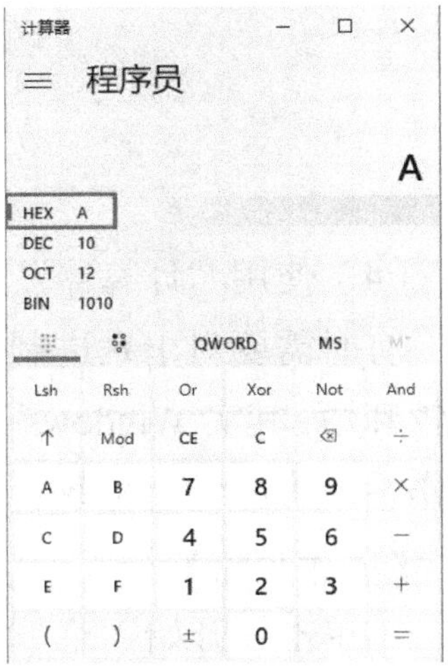

图 1-20　十六进制的界面

1.2.3　字符编码

编码是对输入到计算机中的某种非数值型数据用二进制来表示的转换规则。

1. 认识字符编码

字符是计算机中使用最多的非数值型数据，是人机交互的重要媒介。大多数计算机采用 ASCII 码作为字符编码，即美国标准信息交换代码。ASCII 码采用 7 位二进制编码，可以用 128 个字符，包括 10 个阿拉伯数字 0—9，52 个大小写英文字母，32 个标点符号和运算符，34 个控制符。其中，0—9 的 ASCII 码为 48—57，A—Z 为 65—90，a—z 为 97—122。为了使用方便，在计算机存储单元中一个 ASCII 码值占 1 个字节（8 个 bit），其最高位置 0（或置为校验码），ASCII 码占后 7 位。

2. 认识汉字编码

汉字编码是指汉字在计算机中的表示形式。我国国家标准采用连续的两个字节表示，且规定每个字节的最高位为 1。通常在汉字编码中，一个汉字占 2 个字节存储空间。

3. 认识 Unicode 码

Unicode 是计算机中用得最广泛的字符集及编码，在全球范围的信息交换领域均有应用。它是为解决传统的字符编码方案的局限性而产生的，它为每种语言中的每个字符设定统一且唯一的二进制编码，以满足跨语言、跨平台进行文本转换、处理的需求。Unicode 编码共有三种实现方式，分别为 utf-8，utf-16，utf-32，其中 utf-8 占用 1 个到 4 个字节，utf-16 占用 2 个或 4 个字节，utf-32 占用 4 个字节。

4. 认识条形码与二维码

条形码是将宽度不等的多个黑条和空白，按照一定的编码规则排列，用以表达一组信息的图形标识符。条形码可以标出物品的生产国、制造厂家、商品名称、图书分类号、邮件起止地点等很多信息，在商品流通、图书管理、邮政管理等领域得到了广泛应用。

二维码又称二维条形码，是用某种特定的几何图形按一定规律在平面（二维方向上）分布的、黑白相间的、记录数据符号信息的图形。二维码具有编码密度高、信息容量大、编码范围广等特点，是目前应用广泛的图形符号编码。

条形码与二维码如图 1-21 所示。

小明在思考计算机中的数据是如何存储的，有没有基本单位。他带着问题继续查阅资料，寻找答案。

（a）条形码　　（b）二维码

图 1–21　条形码与二维码

1.2.4　数据存储单位

1. 认识数据存储单位

在计算机中，存储数据的基本单位是字节（Byte），最小单位是位（bit）。8 个 bit 组成 1 个 Byte（字节），能够容纳一个英文字符，一个汉字需要两个字节的存储空间。1024 个字节就是 1KByte（千字节），简写为 1KB。计算机的工作原理为用高低电平（高为 1，低为 0）产生的二进制算法进行运算，所以我们购买的硬盘通常使用近似 1000 的 1024 进位（$1024=2^{10}$）。

2. 数据存储单位的换算

数据存储单位如何进行转换呢？小明通过学习相关资料找到了答案。

8 bit = 1 Byte 1 字节

1024 B = 1 KB （KiloByte） 千字节

1024 KB = 1 MB （MegaByte） 兆字节

1024 MB = 1 GB （GigaByte） 吉字节

1024 GB = 1 TB （TeraByte） 太字节

想一想

一张存储容量为 4.7GB 的 DVD 光盘，最多能存储多少个汉字？

学习检验

“小明，这次学习得怎么样？” 张工问道。

“张工，学习资料我已经学完了，今天收获颇丰。”小明兴奋地说。

“看看你能否通过我的测试吧。”张工微笑着说，拿出一张表。

该表为本任务的完成情况评价表（见表 1-7），请你根据实际情况填写此表。

表 1–7　完成情况评价表

任务要求	很好	好	不够好
能掌握二进制数、十进制数、十六进制数之间的转换方法			
能说出数值、字符等信息编码的形式			
能借助计算器等工具进行数制的转换			
能说出存储单位的概念与作用			
能对存储单位进行准确换算			

学习小结

测试完成了。

“最近你的学习和工作状态很出色啊。”张工看起来很满意。

“谢谢张工！在学习过程中我有很多收获。”

“好啊，和我说一说。”

小明拿出学习总结，“我都记下来了，请您过目。”

表 1-8 是小明设计的学习总结表，请你根据自己的实际情况来填写。

表 1–8　学习总结表

主要学习内容	学习方法	学习心得	待解决的问题
整体总结：			

“非常完美，我认为你能和我一起完成这个任务。”张工对小明越来越欣赏了。

拓展学习

扩展的存储单位

在计算机各种存储介质（例如内存、硬盘、光盘等）的存储容量表示中，用户所接触的存储单位不是位、字节和字，而是 KB、MB、GB 等，它们并不是新的存储单位，而是通过字节换算出来的。

早期的软盘有 360KB 和 720KB 两种存储容量，现在软盘已经很少使用。

早期微型机的内存有 128MB、256MB、512MB 三种存储容量，目前内存都是 1GB、2GB 甚至更大的。

早期微型机的硬盘有 60GB、80GB 两种存储容量，目前都是 500GB、1TB 甚至更大的。

目前，个人用的微型机的存储容量都能达到 500GB 或 1TB，如果是服务器或者专门的计算机，则需要更大的存储容量。

计算机储存单位的进率是 1024 而不是 1000 的原因如下：

目前，计算机系统中都采用二进制，计算机只对 2 的整数幂进行计算。计算机内部电路工作时，有高电平和低电平两种状态，因此用二进制数来表示信号（控制信号和数据），以便计算机识别。

人们习惯使用十进制，所以存储器厂商用 1000 作为进率。这样导致的结果就是实际容量要比标称容量小，不过这是合法的。1024 是 2 的 10 次方，如果取的数大了，不接近 10 的整数次方，就不方便人们计算；取小了，进率太低，单位要更多才能满足需求，所以取 2 的 10 次方正好。

随着信息技术的发展，“大数据”成为当下火热的 IT 行业词汇之一，数据仓库、数据安全、数据分析、数据挖掘等围绕大数据商业价值的利用，逐渐成为相关行业人士争相追捧的利润焦点。

请以“大数据生活”为主题展开讨论，写出在大数据时代下如何保护我们的数据安全，给出合理建议。

学习检测

1．下列哪项不属于信息系统的五个基本功能？（　　）

A．输入　　B．存储　　C．处理　　D．物品运输

2．下列哪项不属于输出设备？（　　）

A.显示器　　B．打印机　　C．鼠标　　D．投影仪

3．十六进制数 10ACD 转换成十进制数是（　　）。

A.1010111　　B．68301　　C．68300　　D．68302

4．十进制数 12345 转换成十六进制数是（　　）。

A.300　　B．3030　　C．3039　　D．3040

5．1 GB=（　　）MB。

A．1000 MB　　B．1020 MB　　C．1024 MB　　D．1044 MB

任务 1.3　选用和连接信息技术设备

通过“选用和连接信息技术设备”的学习，能了解计算机、移动终端（智能手机、平板电脑、可穿戴智能设备等）和常用外围设备（打印机、扫描仪、摄像头、音视频设备、数码相机和摄像机等）的功能和特点，会根据生产、生活需要制定设备配置方案，并完成

与互联网及其他设备的连接和基本设置。

任务情境

“小明，过来一下。”张工把小明叫到了身边。

“你认识这些信息设备吗？”张工指了指办公区的设备，问道。

“有台式计算机、笔记本电脑、打印机、扫描仪，还有平板电脑和手机，回答完毕。”小明笑了笑，回答道。

“很好，公司有4名员工急需这些设备办公，现在需要你将这些设备通过连接组成办公环境，并能正常访问互联网，两个小时后我来检查。时间紧，任务急，加油！”

听完任务内容后，小明兴奋地开始准备工作。

学习目标

1. 知识目标

（1）能说明计算机、移动终端及常见外围设备的功能和特点。

（2）能说明计算机、移动终端及常见外围设备接入互联网的方法。

2. 能力目标

（1）能正确连接计算机、移动终端和常用外围设备，并与互联网连接。

（2）能对常见信息技术设备进行基本设置。

3. 素养目标

（1）通过设备配置方案的制定，培养学生严谨细致的工作作风。

（2）通过正确连接和配置信息技术设备，弘扬热爱劳动的服务精神。

活动要求

借助学习资料开展自主学习，完成信息技术设备的选用和连接任务。

任务分析

小明信心满满地开始查看厚厚的学习资料。

学习资料的内容很丰富，首先是关于计算机、移动终端及常见外围设备的功能、特点的介绍，然后是具体的信息技术设备连接方法。这么多的信息技术设备应该从哪里学起呢？小明决定按以下4个步骤完成今天的任务：

（1）了解信息技术设备的功能和特点。

（2）根据公司需求选用合适的信息技术设备。

（3）连接信息技术设备。

（4）完成信息技术设备的基本设置。

小明认为要先根据公司的需求选取恰当的信息技术设备，再制定配置方案。他首先与公司有关人员进行沟通，得知：由于4名员工着急办公，先要把他们的2台台式计算机、2台笔记本电脑、4部手机和1个平板电脑接入互联网，他们还需要网络环境具有打印功能。小明思索了片刻认为，将计算机和移动终端接入互联网比较简单，但是如何既能满足他们的打印需求又能降低使用和维护成本呢？他决定采用设置网络打印机的方式来满足他们的打印需求。

小明用思维导图的方式对任务进行分析，如图1-22所示。

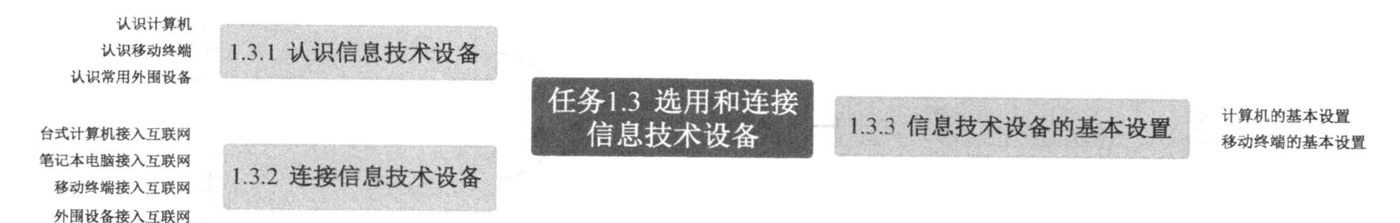

图1-22 思维导图

小明厘清了思路，按思维导图整理好资料，开始对“选用和连接信息技术设备”进行学习。

任务实施

1.3.1 认识信息技术设备

随着信息技术的发展，我们每天的生活已经离不开信息技术设备。那么常用的信息技术设备都包括哪些呢？小明在资料中找到了答案。

信息技术设备一般包括计算机、移动终端（智能手机、平板电脑、可穿戴智能设备等）和常用外围设备（打印机、扫描仪、摄像头、音视频设备、数码相机和摄像机等），如图1-23所示。

图1-23 信息技术设备

那么，计算机、移动终端和常用外围设备的功能和特点是什么呢？小明继续在资料中寻找答案。

1. 认识计算机

计算机（Computer）也称电脑，是现代一种用于高速计算的电子计算机器，可以进行数值计算，也可以进行逻辑计算，具有存储记忆功能，是能够按照程序运行，自动、高速处理海量数据的现代化智能电子设备。

计算机按照移动特点可以分为台式计算机和笔记本电脑两种类型，如图1-24所示。

计算机有如下特点。

（1）运算速度快：当今计算机系统的运算速度已达到每秒万亿次，微机也可达每秒亿次以上，使大量复杂的科学计算问题得以解决。例如，卫星轨道的计算、24小时天气预报，用计算机只需几分钟就可完成。

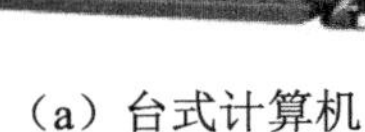
（a）台式计算机

（b）笔记本电脑

图 1-24　台式计算机和笔记本电脑

（2）计算精确度高：科学技术的发展特别是尖端科学技术的发展，需要高度精确的计算。一般计算机可以有十几位甚至几十位（二进制）有效数字，计算精度可由千分之几到百万分之几，是任何计算工具所望尘莫及的。

（3）逻辑运算能力强：计算机不仅能进行精确计算，还具有逻辑运算功能，能对信息进行比较和判断。计算机能把参加运算的数据、程序以及中间结果和最后结果保存起来，并能根据判断的结果自动执行下一条指令，以供用户随时调用。

（4）存储容量大：计算机内部的存储器具有记忆特性，可以存储大量的信息，这些信息，不仅包括各类数据信息，还包括加工这些数据的程序。

（5）自动化程度高：由于计算机具有存储记忆能力和逻辑判断能力，所以人们可以将编好的程序组调入计算机内存中，在程序控制下，计算机可以连续、自动地工作，不需要人的干预。

（6）性价比高：几乎每家每户都会有计算机，越来越普遍化、大众化。21 世纪，计算机必将成为每家每户不可缺少的电器之一。

计算机的性能主要由其主要构成部件中央处理器、主板、内存、硬盘、显卡、显示器等性能指标决定，主机硬件结构如图 1-25 所示。

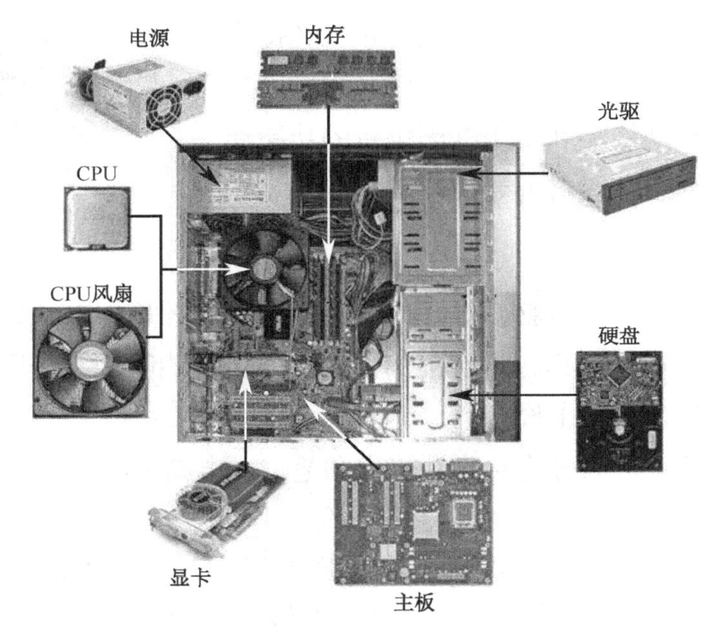

计算机硬件

图 1-25　主机硬件结构

说一说：未来计算机的发展趋势

根据近几年自己使用计算机的情况，结合现在计算机的发展现状，思考未来计算机应该具有哪些更强大的硬件功能，谈一谈未来计算机的发展趋势。

2. 认识移动终端

移动终端是指可以在移动中使用的计算机设备，包括笔记本电脑、手机、平板电脑，也包括可穿戴设备等，如图 1-26 所示。

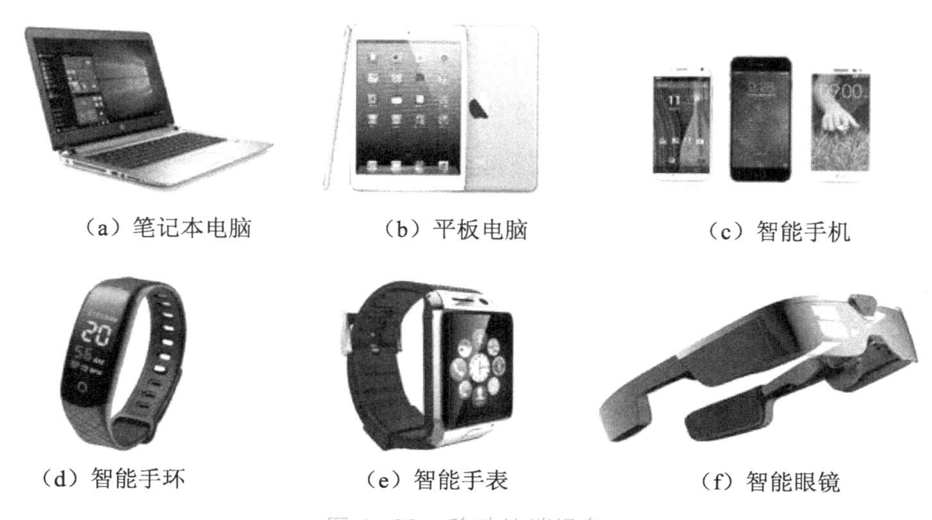

（a）笔记本电脑　（b）平板电脑　（c）智能手机

（d）智能手环　（e）智能手表　（f）智能眼镜

图 1-26　移动终端设备

现在的移动终端不仅可以通话、拍照、听音乐、玩游戏，还可以实现包括定位、信息处理、指纹扫描、身份证扫描、条码扫描、RFID 扫描、IC 卡扫描以及酒精含量检测等丰富的功能，移动终端已经深深地融入我们的经济和社会生活中，为提高人们的生活水平，提高执法效率，提高生产管理效率，减少资源消耗和环境污染以及突发事件的应急处理增添了新的手段。

移动终端，特别是智能移动终端，具有如下特点。

（1）在硬件体系上，移动终端具备中央处理器、存储器、输入部件和输出部件。移动终端具有多种输入方式，如键盘、鼠标、触摸屏、送话器和摄像头等，并可以根据需要进行调整。同时，移动终端往往具有多种输出方式，如受话器、显示屏等。

（2）在软件体系上，移动终端必须具备操作系统，如 Windows Mobile、Symbian、Palm、Android、iOS 等。基于这些开放的操作系统平台开发的个性化应用软件层出不穷，如记事本、计算器以及各类游戏等，极大程度地满足了个性化用户的需求。

（3）在通信能力上，移动终端具有灵活的接入方式和高带宽通信性能，并且能根据所选择的业务和所处的环境，自动调整所选的通信方式，从而方便用户使用。

（4）在功能使用上，移动终端更加注重人性化、个性化和多功能化。由于软件技术的发展，移动终端可以根据个人需求调整设置，更加个性化。同时，移动终端本身集成了众多软件和硬件，功能也越来越强大。

说一说：共享数据

在家庭生活中，如何将自己手机中的照片共享给家人？需要哪些移动终端设备？这些移动终端设备的特点是什么？

通过前面的学习，相信大家对移动终端已经有所了解，下面继续学习什么是常用外围设备。

图 1-27　常用外围设备

3. 认识常用外围设备

计算机的外围设备简称外设。外围设备是指连在计算机主机以外的设备，包括输入设备、输出设备和外存储器等，外围设备是计算机系统中的重要组成部分，起到信息传输和存储的作用，如图 1-27 所示。

（1）输入设备

①扫描仪

在实际工作中可能有大量的图纸、照片和各种图表等，需要输入计算机中进行处理，但是图片、照片等资料是不能直接使用键盘和鼠标输入的，即使可以输入，仅仅依靠键盘和鼠标，那将是一项非常繁重的工作。因此，扫描仪就是处理这些工作所必需的设备，它通过专用的扫描程序将各种图表、图纸、文字输入计算机，并在屏幕上显示出来。

扫描仪的种类很多，通常人们把扫描仪分为手持式、台式和滚筒式三种，如图 1-28 所示。按扫描图像的类别，可把它分为黑白扫描仪和彩色扫描仪等。

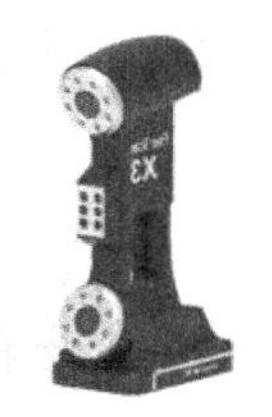

（a）手持式扫描仪

（b）台式扫描仪

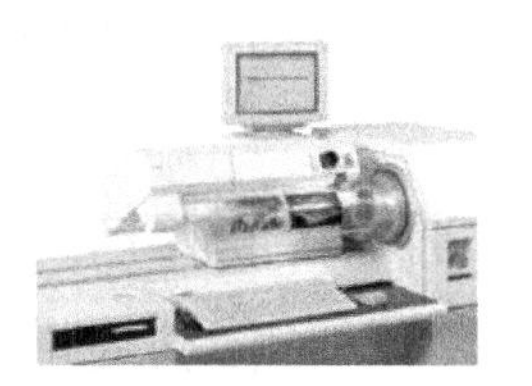

（c）滚筒式扫描仪

图 1-28　各种扫描仪

②数码相机

数码相机是一种能够进行拍摄，并通过内部处理把拍摄到的景物转换成以数字格式存放的图像的特殊照相机。数码相机可以直接连接到计算机、电视机或打印机上。在一定条件下，数码相机还可以直接接到移动式电话机或手持 PC 上，如图 1-29 所示。

③数字摄像机

数字摄像机是指摄像机的图像处理及信号的记录全部使用数字信号完成的摄像机。数字摄像机最大的特点是磁带上记录的信号为数字信号，而非模拟信号，如图 1-30 所示。

图 1-29 数码相机

图 1-30 数字摄像机

数字摄像机具有以下特点：

图像质量佳。数字信号的使用可以将电路部分引入噪声的影响忽略不计。重放图像清晰干净，质量极佳；在记录过程中采用纠错编码，使得重放时磁带的信号失落可以得到有效补偿，画面失落少。

记录密度高，机器体积小且可靠性高。

降低使用成本。由于数字摄像机走带张力很小，因此对磁头及磁带的磨损相应地减小，使得维修费用相应地降低，从而降低使用成本。

完美的录音音质。数字摄像机的音频部分采用数字 PCM 方式记录到磁带上，具有极高的保真度。

（2）输出设备

①打印机

在日常工作中我们经常需要把计算机中的文档或图片打印出来，这就需要依靠打印机。打印机一般分为针式打印机、喷墨打印机和激光打印机三种，如图 1-31 所示。

（a）针式打印机

（b）激光打印机

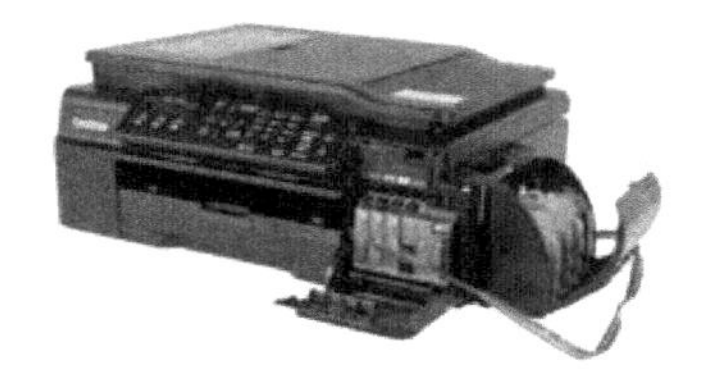

（c）喷墨打印机

图 1-31 各种打印机

针式打印机由于速度慢、精度低，已逐步被淘汰出家用打印机市场。但针式打印机耗材成本低，能多层套打，使其在银行、证券等领域有着不可替代的地位。

激光打印机具有高质量、高速度、低噪声、易管理等特点，已占据办公领域的绝大部分市场。

与前两者相比，喷墨打印机也是市场上的主流。

②绘图仪

绘图仪是一种输出图形的硬拷贝设备。绘图仪在绘图软件的支持下能绘制复杂、精确的图形，是各种计算机辅助设计不可缺少的工具。绘图仪的性能指标主要有绘图笔数、图纸尺寸、分辨率、接口形式及绘图语言等。

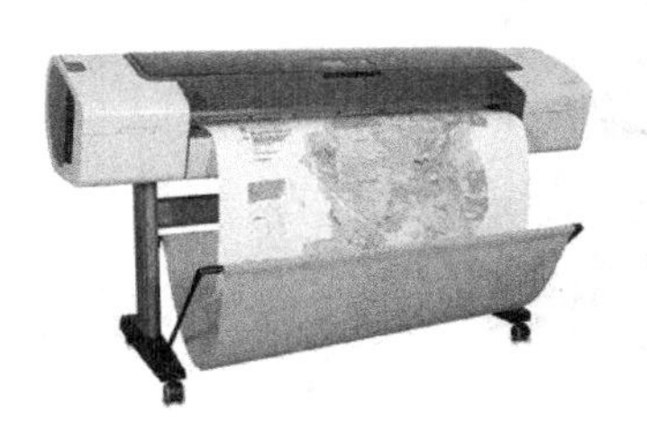

图 1-32　绘图仪

绘图仪一般是由驱动电机、插补器、控制电路、绘图台、笔架、机械传动等部分组成的。绘图仪除了必要的硬件设备，还必须配备各种绘图软件。只有软件与硬件结合起来，才能实现自动绘图，如图 1-32 所示。

③投影仪

投影仪是一种可以将图像或视频投射到幕布上的设备，可以通过不同的接口与计算机、VCD、DVD、BD、游戏机、DV 等相连接播放相应的视频信号。投影仪广泛应用于家庭、办公室、学校和娱乐场所，如图 1-33 所示。

图 1-33　投影仪

④其他输出设备

我们常见的输出设备还有虚拟现实眼镜、数字电视、音频输出设备等，如图 1-34 所示。

（a）虚拟现实眼镜

（b）数字电视

（c）音频输出设备

图 1-34　其他输出设备

学习完上述内容，小明想为自己添置一套用于学习的信息技术设备，请你通过对电子产品市场进行调研，完成设备采购配置及预算清单，清单见表 1-9。

表 1-9　设备采购配置及预算清单

应用场景描述	学习、工作、看电影、玩游戏			
应用类型	□普通办公□工程绘图□移动办公 □数字媒体处理□影音娱乐□游戏娱乐			
设备类型	设备或主要部件	型号	规格	预算价格
选购类型： □台式计算机 □笔记本电脑	CPU			
	内存			
	主板			
	硬盘			
	显卡			
	显示器			
	键盘/鼠标			
打印设备	打印机			
数字媒体设备				
其他信息技术设备				
综合评价				合计：

1.3.2 连接信息技术设备

现要将 2 台台式计算机、2 台笔记本电脑、4 部手机和 1 个平板电脑接入互联网。小明先查看了计算机，均已安装 Windows 10 操作系统，他一边查找资料一边操作，先将 2 台台式计算机和 2 台笔记本电脑接入互联网，再接入 4 部手机和 1 个平板电脑。

1. 台式计算机接入互联网

现将 2 台台式计算机接入互联网。现以其中一台台式计算机接入互联网为例进行说明，另一台的操作方法与其相同。

【操作步骤】

（1）准备好一根网线，将网线的一端插入路由器 LAN 口，另一端插入台式计算机机箱背部的网络接口上，如图 1-35 所示。

（a）连接路由器 LAN 口

（b）连接台式计算机

图 1-35　网线连接图

（2）右击“开始”菜单，选择“设置”，打开“Windows 设置”窗口，如图 1-36 所示。

图 1-36　“Windows 设置”窗口

（3）在左侧窗格中单击“以太网”，右侧窗格中单击“更改适配器选项”，如图 1-37 所示。

图 1-37 "以太网"设置界面

（4）右击"本地连接 4"，在弹出的快捷菜单中单击"属性"，如图 1-38 所示。

（5）在对话框中选择"Internet 协议版本 4（TCP/IPv4）"，单击"确定"按钮，如图 1-39 所示。

（6）选择"自动获得 IP 地址"单选按钮，完成其他设置后，单击"确定"按钮，台式计算机即可接入互联网，如图 1-40 所示。

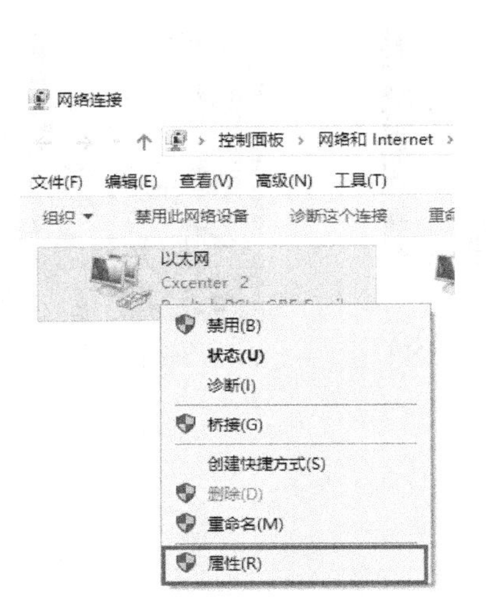

图 1-38 查看网络状态和任务

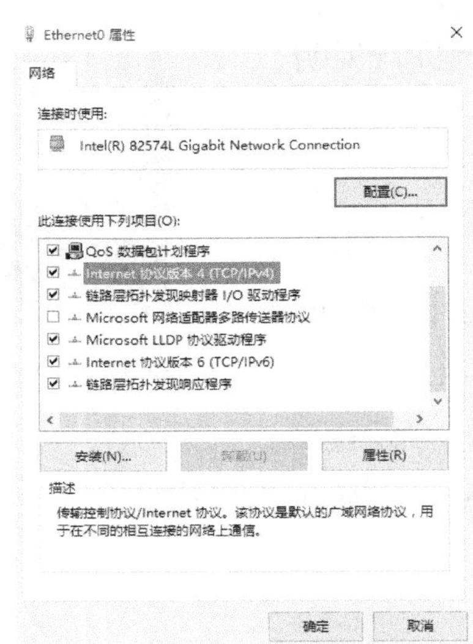

图 1-39 Internet 协议版本 4（TCP/IPv4）

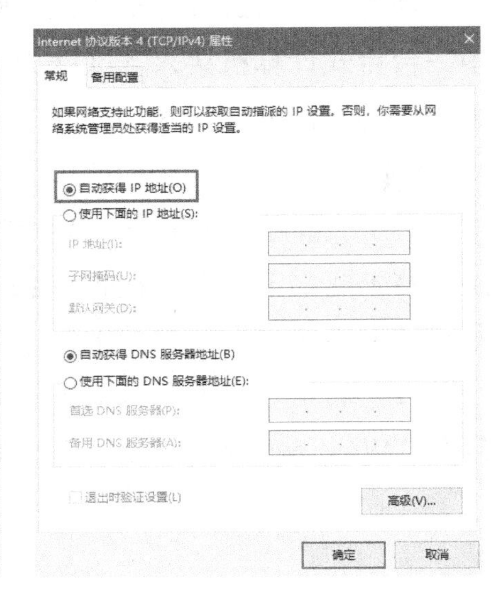

图 1-40 自动获得 IP 地址

2. 笔记本电脑接入互联网

将两台笔记本电脑接入名称为"QIUSHI"的无线网络中。现以其中一台笔记本电脑接入互联网为例进行说明，另一台的操作方法与其相同。

【操作步骤】

（1）单击笔记本电脑 Windows 10 操作系统桌面右下角的无线图标，在弹出的 WiFi 列表中，单击需要连接的无线网络"QIUSHI"，如图 1-41 所示。

（2）初次连接某个无线网络，需要输入 WiFi 密码，如果 WiFi 没有设置密码，则可以直接登录，如果有密码，必须输入正确的 WiFi 密码，才可以连接上 WiFi 无线网络。此时输入无线网络 QIUSHI 的密码为"1A2B3C4D"，如图 1-42 所示。

（3）单击电脑桌面右下角的无线信号的网络图标，在搜索无线网络列表中显示 QIUSHI 无线信号已连接上，如图 1-43 所示。

小提示

连接 WiFi 无线网络后要注意，底部有一个飞行模式，不要单击这个飞行模式。开启飞行模式会自动关闭 WiFi 功能，如果开启了飞行模式，则通过单击切换为关闭即可。

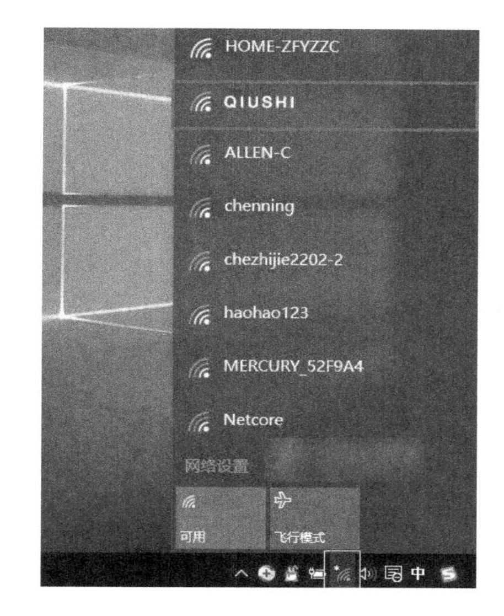

图 1-41　无线网络列表

图 1-42　输入无线网络密码

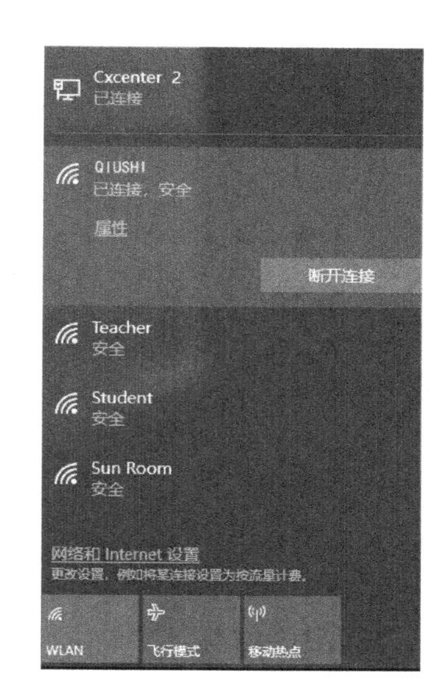

图 1-43　成功连接互联网

3. 移动终端接入互联网

将 4 部手机和 1 个平板电脑分别接入无线名称为 QiuShi 的无线网络中。由于这些设备的接入方法一样，在此仅以其中一部手机的接入为例。

【操作步骤】

（1）打开手机的“无线局域网”功能，在网络列表中找到 QiuShi 无线网络，如图 1-44 所示。

（2）输入正确的 QiuShi 无线网络的密码，如图 1-45 所示。

（3）此时手机已经接入网络，如图 1-46 所示。

图 1-44　无线网络列表　　图 1-45　输入密码　　图 1-46　成功连接

4. 外围设备接入互联网

图 1–47　网线与打印机连接图

将 1 台打印机接入名称为 QIUSHI 的无线网络中（以 HP LaserJet Pro M202dw 为例）。

【操作步骤】

（1）先把打印机的电源线接好，再把网线的一端连接到打印机，另一端连接到主机后面的网络接口上，确保网络端口通畅。然后打开电源，使打印机进入通电状态，如图 1-47 所示。

（2）打印机连接网络以后，默认是以 DHCP 方式获得 IP 地址的。

1.3.3　信息技术设备的基本设置

将计算机和移动终端接入无线局域网后，还需要对计算机和移动终端进行基本设置。小明一边查看资料一边完成信息技术设备的基本设置。

1. 计算机的基本设置

如何设置“颜色”和“分辨率”呢？

【操作步骤】

（1）进入“Windows 设置”窗口，选择“系统”，如图 1-48 所示。

图 1–48　“Windows 设置”窗口

（2）设置“颜色”，如图 1-49 所示。设置“分辨率”，如图 1-50 所示。

如何更改系统的“日期和时间”呢？

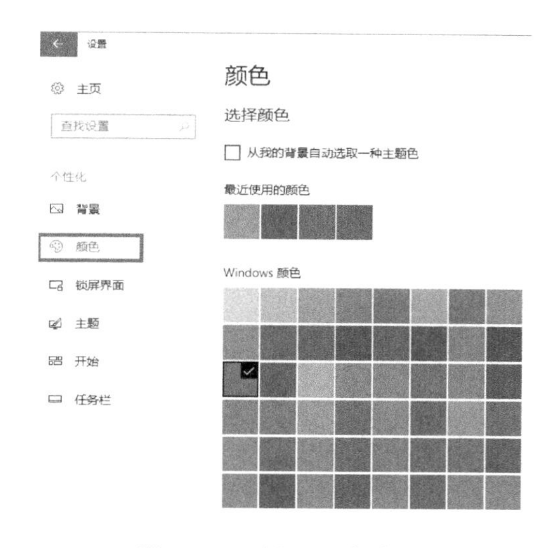

图 1-49　设置“颜色”

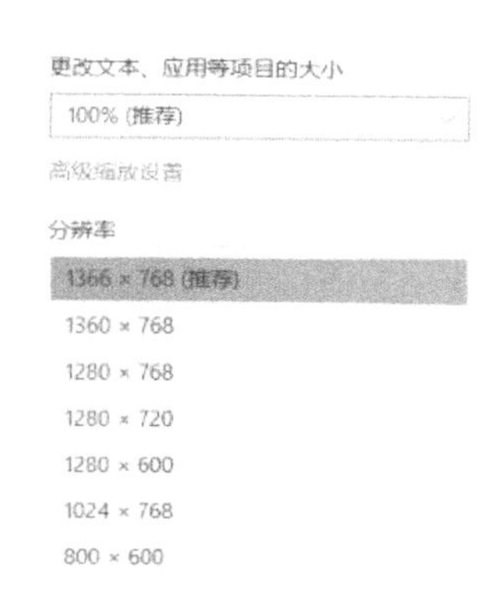

图 1-50　设置“分辨率”

【操作步骤】

（1）进入“Windows 设置”窗口，选择“时间和语言”，如图 1-51 所示。

（2）单击窗口左侧的“日期和时间”，在右侧将“自动设置时间”开启，如图 1-52 所示。

图 1-51　“Windows 设置”窗口　　图 1-52　设置“日期和时间”

（3）更改日期和时间，如图 1-53 所示。

2. 移动终端的基本设置

（1）设置“日期和时间”

【操作步骤】

打开移动终端，进入“设置”界面，选择“通用”，如图 1-54 所示。进入“通用”界面，选择“日期与时间”，如图 1-55 所示。进入“日期与时间”界面，手动设置日期和时间，如图 1-56 所示。

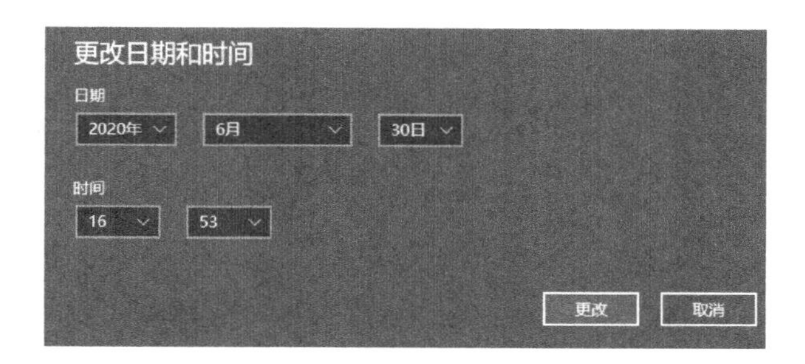

图 1-53　更改日期和时间

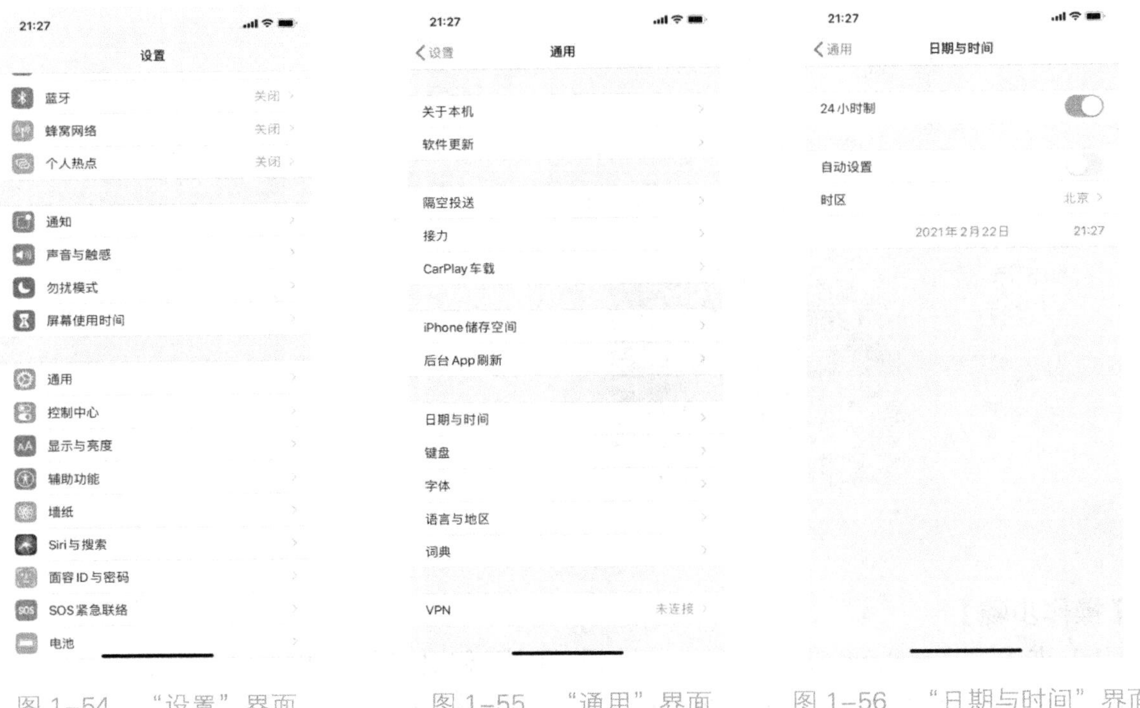

图 1–54 “设置”界面　　图 1–55 “通用”界面　　图 1–56 “日期与时间”界面

（2）设置“语言和地区”

【操作步骤】

打开移动终端，进入“设置”界面，选择“通用”，如图 1-57 所示。进入“通用”界面，选择“语言与地区”，如图 1-58 所示。进入“语言与地区”界面，iPhone 语言选择“简体中文”，如图 1-59 所示。

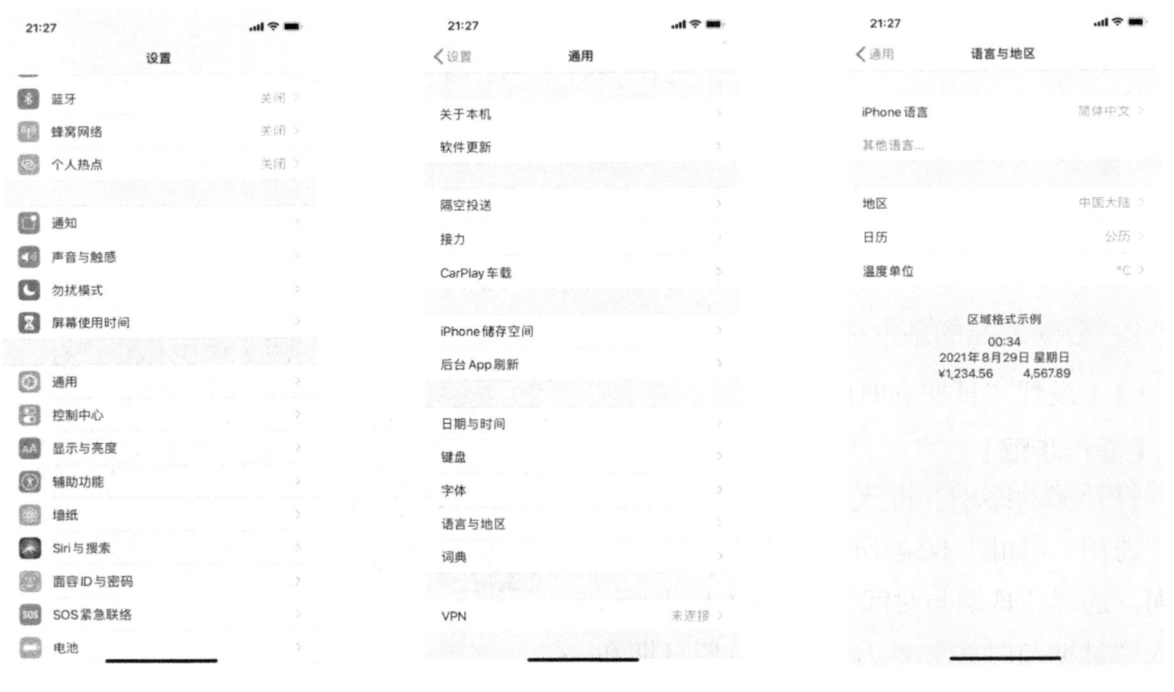

图 1–57 “设置”界面　　图 1–58 “通用”界面　　图 1–59 “语言与地区”界面

学习检验

“今天学习得怎么样？”张工问。

“张工好！感谢您提供的资料，我已经学完了，并且已经将计算机、移动终端等成功接入互联网。”小明很自信地说。

“好啊，那我要考考你。”张工微笑着说，拿出一张表。

该表为本任务的完成情况评价表（见表 1-10），请你根据实际情况填写此表。

表 1–10　完成情况评价表

任务要求	很好	好	不够好
能描述计算机、移动终端及常见外围设备的功能和特点			
能说出计算机、移动终端及常见外围设备接入互联网的方法			
能正确连接计算机、移动终端和常用外围设备，并与互联网连接			
能对常见信息技术设备进行基本设置			
能通过设备配置方案的制定，养成严谨细致的工作作风			

学习小结

“两个小时已经到了，今天的任务完成了吗？”张工问道。

小明兴奋地说：“您看看，我把这些信息技术设备都成功接入了互联网。”

“看来你的专业水平已经有了很大的提高。”张工看起来很满意。

“谢谢张工！通过今天的学习我又收获了很多。”

“好啊，和我说一说。”

小明拿出学习总结，“我都记下来了，请您过目。”

表 1-11 是小明设计的学习总结表，请你根据自己的实际情况来填写。

表 1–11　学习总结表

主要学习内容	学习方法	学习心得	待解决的问题
整体总结：			

“这次你又非常出色地完成了任务。”张工对小明越来越刮目相看了。

拓展学习

无线投影仪

无线投影仪即无线投影机，无线投影仪指的是以无线传输技术为核心，通过无线传输

功能实现投影的投影仪。通过无线模块，经 HDMI 插口连接到投影机，通过无线投影仪将手机、平板电脑等设备上的画面同步显示或传输音乐、视频、图片等内容实时投射到大屏幕上。在不损失投影画质的前提下，能为不同用户提供便捷的应用体验，如图 1-60 所示。

无线模块：其中一部分是一个类似 U 盘的无线发射装置，另一部分为投影仪上的无线信号接收装置，如图 1-61 所示。通过无线模块连接投影仪，传送器与信号源设备相连，接收器与投影仪相连，即可实现影音的无线传输。无线模块的商品名根据厂商命名方式的不同而不同。

图 1-60　无线投影仪

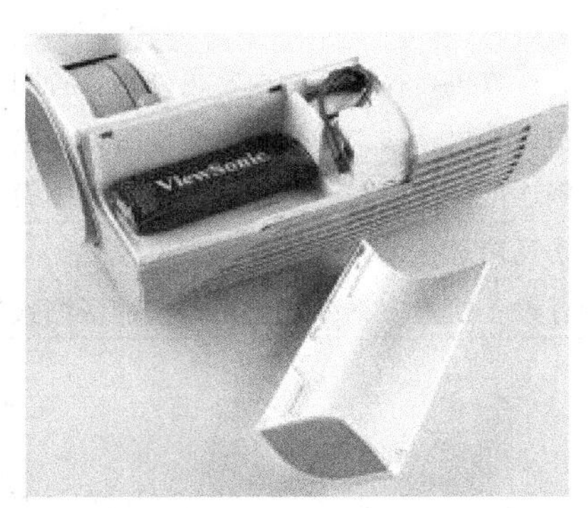

图 1-61　无线模块

应用范围：适合家庭、娱乐、办公，以及教育行业使用。

请以“我的信息技术生活”为主题，和身边的同学或者家人一起讨论现在的信息技术设备给我们的生活带来了哪些便捷之处，是否对我们的生活产生了影响，对我们的网络健康生活给出一些建议。

学习检测

1．以下哪些不属于移动终端？（　　）

A．手机　　B．平板电脑

C．多功能智能手表　　D．存储卡

2．以下哪些属于输出设备？（　　）

A．移动硬盘　　B．存储卡

C．光盘存储器　　D．打印机

3．将打印机接入网络中首先应该做什么？（　　）

A．检查基本配置　　B．检查电源及网络连通情况

C．打印测试页　　D．检查打印机外表是否干净

4．查看计算机的 IP 地址需要使用什么命令？（　　）

A．ipconfig　　B．cmd　　C．msconfig　　D．IP

5．安装打印机驱动程序的方法是（　　）。

A．自动安装
B．光盘或者官网下载安装
C．网络安装
D．不需要安装

6．以下不属于添加网络打印机的步骤是（　　）。

A．输入 IP 地址添加设置
B．自动设置
C．对网络打印机进行检测
D．查看打印机是否有破损

任务 1.4 使用操作系统

通过“使用操作系统”的学习，能了解不同类型的桌面及移动终端操作系统的特点，会搭建虚拟机环境，会安装和使用及维护其中一种或几种操作系统，能熟练进行图形用户界面操作，会使用不同设备及操作系统环境中的功能程序并进行安装和卸载，能进行中英文和常用符号输入。

任务情境

“张工，早上好！”自信满满的小明准时出现在张工面前。

“早上好！我们的项目完成时间提前了，需要加快搭建办公环境。现在需要完成台式计算机首次开机后的系统设置，安装外围设备驱动程序、WPS 办公软件和输入法软件，并按公司规定卸载 Windows 10 游戏组件。注意，台式计算机预装了 Windows 10 操作系统，笔记本电脑预装了 NeoKylin Linux 操作系统。在工作中遇到困难可以随时问我，加油啊！”张工口述完任务的同时，小明也将任务要点记录在笔记本上。

“您放心，我一定缩短工期，提前完成任务。”小明说完马上进入工作状态。

学习目标

1．知识目标

（1）能列举主流操作系统的类型和特点。

（2）能说出主流操作系统用户界面的类型、基本元素和功能。

2．能力目标

（1）能安装、卸载应用程序和驱动程序。

（2）能使用中文输入法进行文本和常用符号的输入。

3．素养目标

通过对国产操作系统 NeoKylin Linux 的学习，体验其强大的功能，加强对国产操作系统的认知。

活动要求

借助学习资料开展自主学习，掌握操作系统的使用方法。

任务分析

小明开始查看厚厚的学习资料。

资料内容很多，有关于操作系统发展历程的介绍，有操作系统、应用程序和驱动程序的安装方法，有如何安装和使用中文输入法等内容。

从哪里学起呢？小明想起了老师教过的工作任务分析法。

（1）将工作内容逐一列出来。

（2）列出每项内容的所有环节。

（3）按重要性或流程进行排序。

（4）最终依照重要性以及可能遇到的困难，设定学习内容并制定实施方案。

小明用思维导图的方式对任务进行分析，如图 1-62 所示。

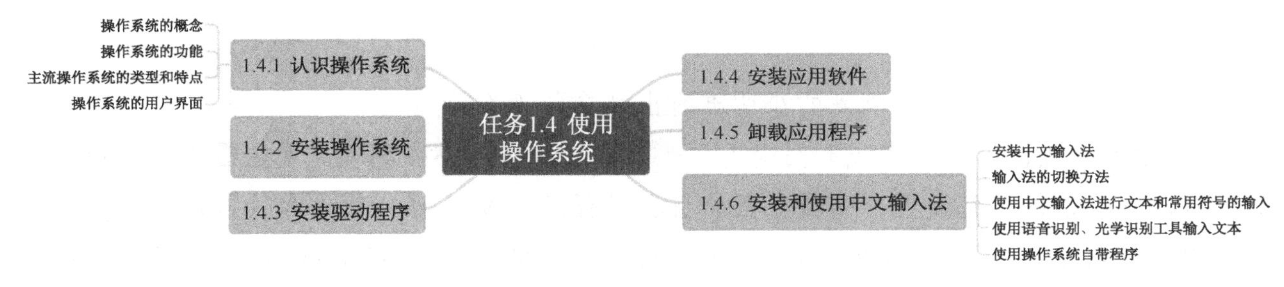

图 1-62　思维导图

小明厘清了思路，按思维导图整理好资料，开始对“使用操作系统”进行学习。

任务实施

1.4.1　认识操作系统

操作系统并不是与计算机硬件一起诞生的，它是在人们使用计算机的过程中，为了满足两大需求，即提高资源利用率、增强计算机系统性能，伴随着计算机技术本身及其应用的日益发展，而逐步地形成和完善起来的。

那么，什么是操作系统？它的功能和分类有哪些呢？小明在资料中找到了答案。

1. 操作系统的概念

操作系统（Operation System，OS）是管理计算机硬件与软件资源的计算机程序。操作系统需要处理如管理与配置内存、决定系统资源供需的优先次序、控制输入设备与输出设备、操作网络与管理文件系统等基本事务。操作

系统也提供一个让用户与系统交互的操作界面。

2. 操作系统的功能

计算机的操作系统对计算机来说是十分重要的，从使用者角度来说，操作系统可以对计算机系统的各个资源板块开展调度工作，其中包括软硬件设备、数据信息等，运行计算机操作系统可以减少人工分配资源的工作强度。从资源管理角度来说，如果由两个使用者共同管理一个计算机系统，那么可能会有冲突、矛盾存在于两个使用者的信息共享当中。为了更加合理地分配计算机系统的各个资源板块，就需要充分发挥计算机操作系统的职能，对各个资源板块的使用效率和使用程度进行最优的调整。最后，操作系统在计算机程序的辅助下，可以抽象处理计算机系统资源提供的各项基础职能，以可视化的手段来向使用者展示操作系统功能，降低计算机的使用难度。

操作系统主要包括以下几个方面的功能。

（1）进程管理：其工作主要是进程调度，在单用户、单任务的情况下，处理器仅为一个用户的一个任务所独占，进程管理的工作十分简单。但在多道程序或多用户的情况下，组织多个作业或任务时，就要解决处理器的调度、分配和回收等问题。

（2）存储管理：存储分配、存储共享、存储保护、存储扩张。

（3）设备管理：设备分配、设备传输控制、设备独立性。

（4）文件管理：文件存储空间的管理、目录管理、文件操作管理、文件保护。

（5）作业管理：负责处理用户提交的任何要求。

计算机操作系统都有哪些？它们的特点是什么呢？小明通过查看资料继续学习。

3. 主流操作系统的类型和特点

（1）Windows 系列操作系统

Microsoft Windows 系列操作系统是在微软给 IBM 机器设计的 MS-DOS 的基础上设计的图形操作系统。它是目前计算机操作系统的主流，常见的操作系统有 Windows 7 和 Windows 10。其中，Windows 10 是最新推出的 Windows 操作系统。在新计算机中基本上预装的都是 Windows 10 操作系统，如图 1-63 所示。其特点有：

①人机操作性优异。

②支持的应用软件较多。

③对硬件支持良好。

（2）UNIX 类操作系统

如 SOLARIS，BSD 系列，UNIX 操作系统如图 1-64 所示，其可在非常多的处理器架构下执行，在服务器系统上有很高的使用率。某些 UNIX 变种，如 HP 的 HP-UX 以及 IBM 的 AIX，仅设计用于自家的硬件产品上，而 SUN 的 Solaris 可安装于自家的硬件或 x86 计算机上。苹果计算机的 Mac OS X 是一个从 NeXTSTEP、Mach 以及 FreeBSD 共同派生出来的微内核 BSD 系统，此 OS 取代了苹果计算机早期非 UNIX 家族的 Mac OS。经历数年的披荆斩棘，自由开源的 UNIX 系统逐渐蚕食鲸吞以往专利软件的专业领域。

图 1-63　Windows 10 操作系统

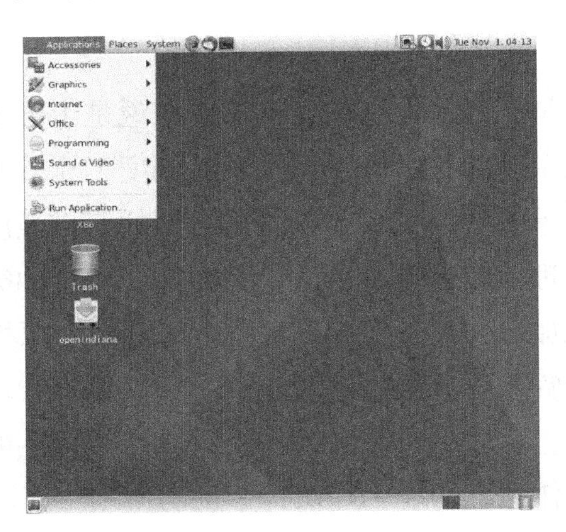

图 1-64　UNIX 操作系统

（3）Linux 类操作系统

如 Ubuntu、Suse、Linux、Fedora 等，Linux 是一套免费的 32 位多人多工的操作系统，如图 1-65 所示。其运行方式同 UNIX 操作系统很像，但 Linux 操作系统的稳定性、多任务性能与网络功能是许多商业操作系统无法比拟的，它最大的特色是源代码完全公开，在符合 GNU GPL（General Public License）的原则下，任何人皆可免费使用和自由传播，甚至修改源代码。Linux 操作系统的特点如下：

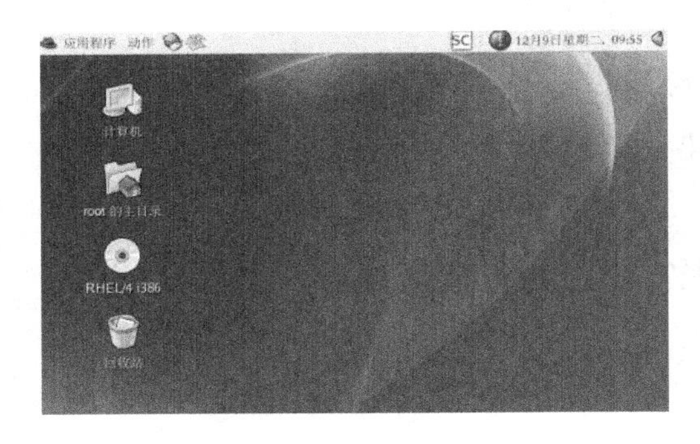

图 1-65　Linux 操作系统

①开放性。

②多用户。

③多任务。

④设备独立性。

⑤提供了丰富的网络功能。

⑥可靠的安全系统。

⑦良好的可移植性。

⑧支持多文件系统。

（4）Mac 操作系统

Mac 操作系统由苹果公司设计（Darwin），一般安装于 Mac 计算机。苹果 Mac OS 系列操作系统是苹果公司（原称苹果电脑）给苹果个人计算机系列设计的 OS，如图 1-66 所示。其特点如下：

图 1-66　Mac 操作系统

①使用 Mac OS X 操作系统，Mac 设备不会中病毒。

②Mac OS X 操作系统内置 App Store 和 iTunes，能连接网络和用 Apple ID 登录，授权后可直接使用，无须另行下载。

③Mac OS X 操作系统有独家软件 Xcode（相关资料可以到网上查询），主要适用于 iOS 游戏和 iOS 应用软件开发，Windows 操作系统无法使用（没开源）。

④Mac OS X 操作系统有查找我的 iPhone 功能，即便设备丢失也不怕，使用其他苹果设备远程定位即可。

4. 操作系统的用户界面

早期的操作系统，如 UNIX 等，是采用命令行界面进行操作的，用户需要输入相应的命令，操作极为不方便。随后微软公司发布了 Windows 操作系统。Windows 操作系统让图形用户界面成为了主流，用户可以使用鼠标等设备进行操作，比在命令行界面操作更加简单和便捷。

Windows 操作系统经历了十多年变革，从最初运行在 DOS 下的 Windows 3.0，到曾经风靡全球的 Windows XP、Windows 7、Windows 8 和目前流行的 Windows 10。Windows 10 操作系统的图形用户界面如图 1-67 所示。

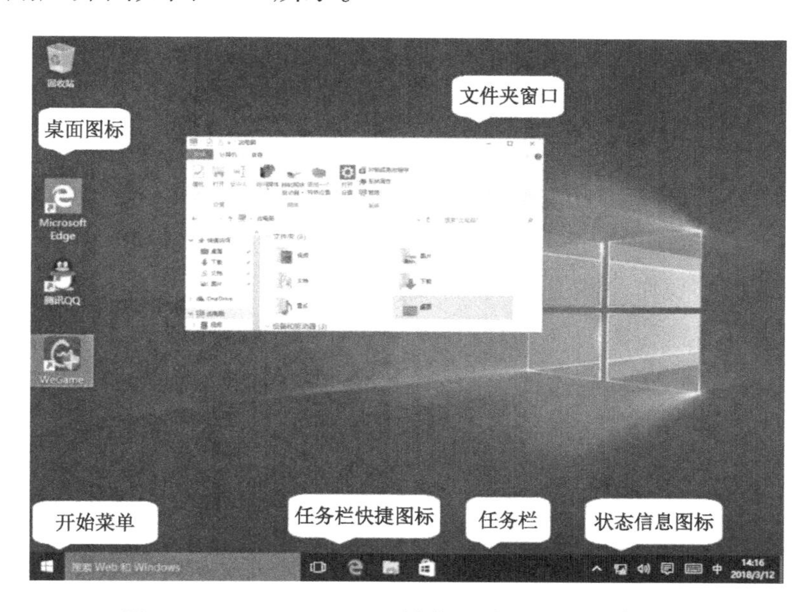

图 1-67 Windows 10 操作系统的图形用户界面

（1）图形用户界面的基本操作

在使用图形用户界面进行基本操作时，需要使用鼠标、键盘等常用的输入设备。使用鼠标可以进行单击、双击、右击、拖动、滑动、缩放等操作，使用键盘可以输入文字、数字、常用标点和符号等。

（2）图形用户界面常见的操作元素

在图形用户界面中，常见的操作元素有桌面、设置窗口、设置选项等，如图 1-68 所示。

图 1–68　Windows 10 操作系统中的操作元素

1.4.2　安装操作系统

以安装 Windows 10 操作系统为例。

1.4.3　安装驱动程序

安装完 Windows 10 操作系统后，小明发现计算机显示出现异常，检查后发现未安装显卡驱动程序，该如何安装呢？小明继续查看资料，寻找解决方法。

驱动程序（Device Driver）全称为设备驱动程序，是一种可以使计算机和设备通信的特殊程序，可以说相当于硬件的接口，操作系统只能通过这个接口来控制硬件设备的工作。所以，驱动程序在系统中具有十分重要的地位，当操作系统安装完毕后，一般首要任务便是安装硬件设备的驱动程序。

在 Windows 10 操作系统中，安装驱动程序主要有三种方法：官网下载并安装驱动程序；用系统自带的“设备管理器”；用第三方工具软件，如驱动精灵、360 驱动大师、驱动人生等。下面以使用驱动精灵安装显卡驱动为例。

【操作步骤】

（1）运行驱动精灵软件后，在弹出的主界面中单击“驱动管理”，如图 1-69 所示。

（2）在“设备异常”中找到未安装的显卡驱动程序，单击“安装”按钮即可安装驱动程序，如图 1-70 所示。

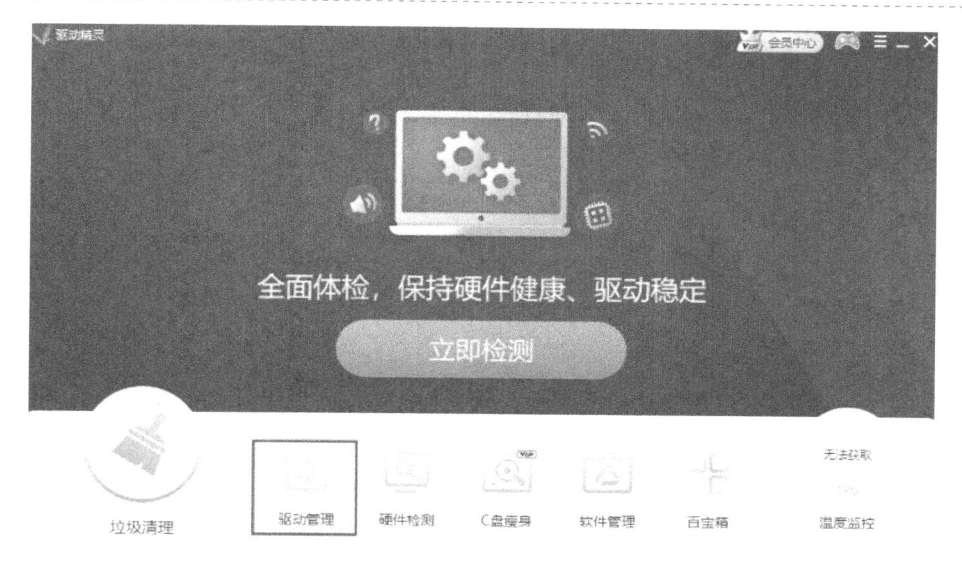

图 1–69　驱动精灵主界面

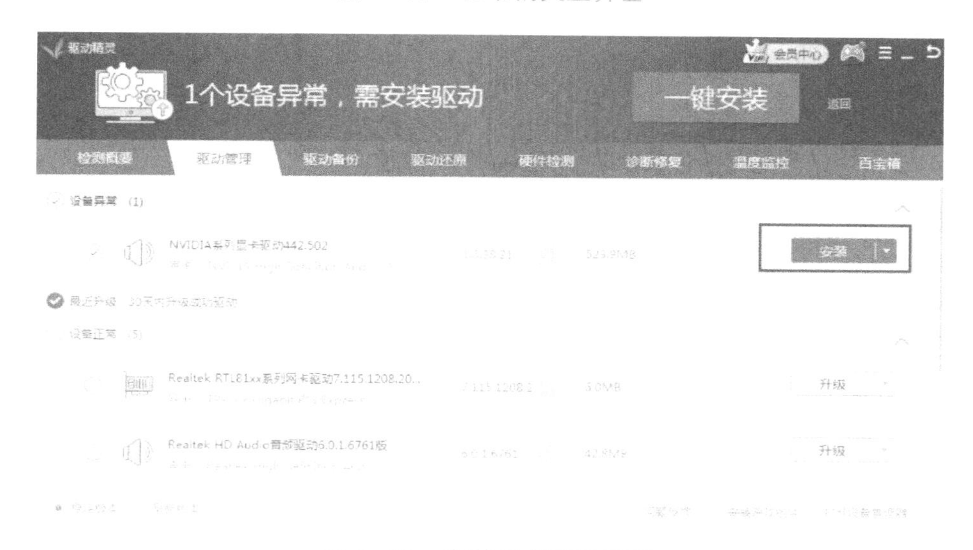

图 1–70　安装显卡驱动程序

小提示

网卡、显卡和声卡等驱动程序在安装完成后，需重启计算机系统才能生效。

1.4.4　安装应用软件

根据公司需求，现要安装 WPS 2016 办公软件。可以通过光盘安装和网络下载 WPS 2016 软件两种方式进行安装。由于下载 WPS 2016 软件的方法非常简单，在此不做过多说明，只对光盘安装方法进行介绍。

【操作步骤】

（1）将应用软件安装光盘放入便携式计算机的光盘驱动器中，系统启动光盘自动播放功能，提示用户要对此光盘执行的操作，包括运行 setup.exe 文件、打开文件夹查看文件和不执行操作，选择“运行 setup.exe”选项，计算机将启动 WPS 2016 的安装程序。

（2）进入软件许可条款界面，认真阅读软件许可条款后，勾选“我已经阅读并同意金山办公软件许可协议”复选框。在选择所需安装界面中，如果使用默认安装路径，则单击“立即安装”按钮；如果需要更改安装路径，则单击“更改设置”，进行进一步设置，如图 1-71 所示。

（3）在安装选项界面中，根据客户的需求，对安装路径进行设置。完成设置且确认无误后，单击“立即安装”按钮即可进行软件的安装，如图 1-72 所示。

图 1-71　软件许可条款界面

图 1-72　安装选项界面

（4）安装完成后的界面如图 1-73 所示。

图 1-73　完成安装

小明想起了张工特别交代的公司禁止玩游戏的规定，因此需要将 Windows 10 自带的游戏应用程序卸载，该如何卸载呢？

1.4.5　卸载应用程序

对不同类型的操作系统，卸载应用程序的方法不同。在 Windows 10 操作系统中，可以使用应用程序自带的卸载程序卸载应用程序，也可以通过系统的“应用和功能”设置卸载应用程序。

【操作步骤】

（1）在“Windows 设置”窗口中，单击“应用”选项，如图 1-74 所示。

图 1-74　打开“应用”

（2）单击系统自带的游戏程序后，单击“卸载”按钮，即可完成游戏程序的卸载，如图 1-75 所示。

图 1-75　卸载游戏程序

1.4.6　安装和使用中文输入法

中文输入法是指为了将汉字输入计算机或手机等电子设备而采用的编码方法，是中文信息处理的重要技术。中文输入法是从 1980 年发展起来的，经历了以下几个阶段：单字输入、词语输入、整句输入。汉字输入法编码可分为音码、形码、音形码、形音码、无理码等几类。

流行的输入法，在 Windows 操作系统中有搜狗拼音输入法、百度输入法、谷歌拼音输入法、QQ 拼音输入法等；Linux 操作系统中有 IBus、Fcitx 等输入法；在 Mac OS X 操作系统中除自带的输入法，还有百度输入法、搜狗输入法、QQ 输入法；手机中一般内置中文输入法，此外还有百度手机输入法、搜狗手机输入法等。

1. 安装中文输入法

以安装搜狗拼音输入法为例。

安装 Windows 10 操作系统后，默认仅有微软拼音输入法，尽管 Windows 10 操作系统自带的微软拼音输入法流畅度比 Windows 7 操作系统的好，不过刚开始使用时很不习惯，尤其是微软拼音输入法中词组联想能力较弱，因此选择安装搜狗拼音输入法。

【操作步骤】

（1）打开百度，然后搜索“搜狗输入法”，单击“立即下载”按钮，如图 1-76 所示。

图 1-76 搜索“搜狗输入法”

（2）下载成功后选择需要安装的位置，单击“立即安装”按钮，如图 1-77 所示。

图 1-77 运行“搜狗输入法”安装程序

（3）建议先将“设置××导航为首页”等广告选项去掉，再单击下面的“完成”按钮，如图 1-78 所示。

（4）安装成功后，可以使用“Ctrl+Shift”快捷键切换到搜狗拼音输入法，初次切换会弹出安全控制对话框，选择“允许”即可，如图 1-79 所示。

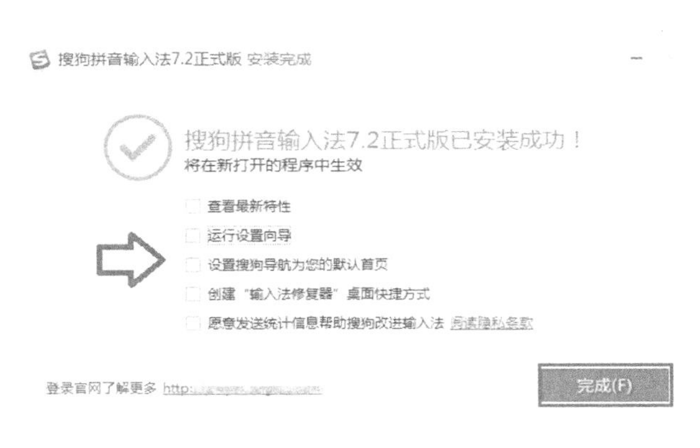

图 1-78　完成安装

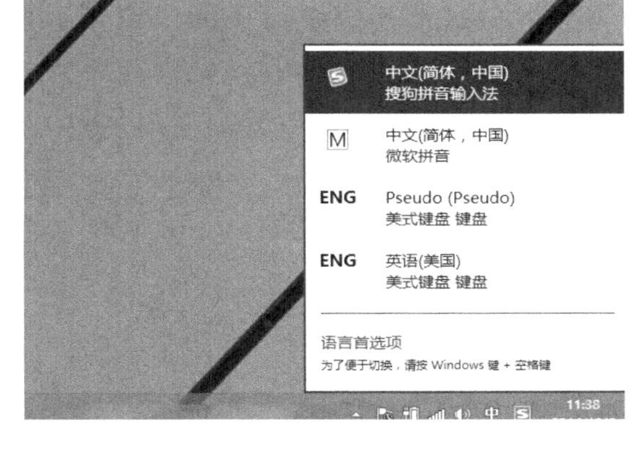

图 1-79　切换“搜狗拼音输入法”

2. 输入法的切换方法

现在中文操作系统一般都提供多种中文输入法软件，当需要输入中文时，必须调入一种输入法。

（1）Windows 操作系统切换方法

在 Windows 操作系统中单击任务栏右侧的输入法图标 En，在弹出的输入法选择菜单中选择一种中文输入法即可。使用快捷键切换如下所示。

“Ctrl+空格键”：切换中英文输入法。

“Ctrl+Shift”：在各种输入法和英文之间切换。

（2）Linux 操作系统切换方法

在 Linux 操作系统发行版中，有关输入法的快捷方式如下所示。

“Ctrl+空格键”：启用输入法。

“Alt+Shift”：切换各种输入法。

“Shift”：切换中文和英文。

（3）Mac 操作系统切换方法

在 Mac OS X 操作系统中使用输入法的快捷键为“Command+空格键”。

（4）其他操作系统切换方法

在 Android、iPhone 等智能手机上使用输入法，一般在进入文字编辑的时候会自动启动输入法软件。

提高打字速度的方法

3. 使用中文输入法进行文本和常用符号的输入

使用搜狗拼音输入法可完成文本和常用符号的输入。

4．使用语音识别、光学识别方式输入文本

在使用计算机与移动设备输入法时，无论用键盘还是手写，均有各种限制。因此，出现了通过语音识别、光学识别等方式进行文本输入。

语音输入是指将人类语音中的词汇内容转换成计算机可读的输入内容，如数字、文字、符号、词汇、语句等，常见的有搜狗语音输入、讯飞语音输入等，如图 1-80 所示。

光学识别输入是指通过信息技术设备上可进行图像输入的配件（如摄像头、手绘板、扫描仪等），对输入的图像检测暗、亮以确定其形状，然后用字符识别的方法将形状翻译成计算机文字的输入过程。常见的有拍照取字等，如图 1-81 所示。

图 1-80　讯飞语音输入　　　图 1-81　光学识别输入

5．使用操作系统自带程序

操作系统一般都自带许多基本功能软件，不同类型的操作系统所自带的软件略有不同，主要有文件资源管理、网页浏览、文本编辑、图形图像服务等类别。Windows 10 操作系统、iOS 操作系统自带程序的举例见表 1-12。

表 1-12　Windows 10 操作系统、iOS 操作系统自带程序

功能类别	Windows 10 操作系统	iOS 操作系统
文件资源管理	文件资源管理器	
网页浏览	IE、Edge	Safari
文本编辑	记事本、写字板	备忘录
图形图像服务	画图、3D 画图、截图工具	图片
影音播放	录影机、电影和电视、视频编辑器	视频
生活服务	计算器、日历、天气、闹钟和时钟	计算器、日历、天气、闹钟和时钟

以 Windows 10 操作系统为例，单击“开始”菜单，在弹出的快捷菜单中可找到系统中

自带的程序，如图 1-82 所示。

图 1-82　系统自带的程序

学习检验

“这次的学习任务完成了吗？”张工进来了。

“张工，感谢您提供的资料，我已经学完了，有很多收获。”小明很自信地说。

“好啊，那我来考考你。”张工微笑着说，拿出一张表。

该表为本任务的完成情况评价表（见表 1-13），请你根据实际情况填写此表。

表 1-13　完成情况评价表

任务要求	很好	好	不够好
能列举主流操作系统的类型和特点			
能说出主流操作系统用户界面的类型、基本元素和功能			
能安装并卸载应用程序和驱动程序			
能运用中文输入法完成文本和常用符号的输入			
能通过安装操作系统、应用程序和驱动程序，养成严谨细致的工作作风			

学习小结

测试完成了。

“你再次出色地完成了任务。”张工看起来很满意。

“谢谢张工！今天我又学习了不少知识。”

“好啊，和我说一说。”

小明拿出学习总结，“我都记下来了，请您过目。”

表 1-14 是小明设计的学习总结表，请你根据自己的实际情况来填写。

表 1-14　学习总结表

主要学习内容	学习方法	学习心得	待解决的问题
整体总结：			

“相当不错，我认为你能和我一起完成这个任务。”张工对小明越来越欣赏了。

拓展学习

我们在学习和工作中，可能需要使用不同的操作系统。如果我们反复更换计算机中主要的操作系统，那么会占用大量时间，而且反复更换极为不方便，我们可以用一款软件（VMware）创立一台虚拟机来模拟一台计算机，在虚拟机中更换操作系统。

VMware 可以在一台计算机上同时运行多个操作系统，例如，同时运行 Windows、Linux 和 Mac OS。在计算机上安装多个操作系统，同一时刻只能运行一个操作系统，重启才可以切换；而 VMware 可以同时运行多个操作系统，可以像 Windows 应用程序一样来回切换。

Linux 全称为 GNU/Linux，是一个免费使用和自由传播的类 UNIX 操作系统，是一个基于 POSIX 的多用户、多任务、支持多线程和多 CPU 的操作系统。随着互联网的发展，Linux 得到了来自全世界软件爱好者、组织、公司的支持。它除了在服务器方面保持着强劲的发展势头，在个人计算机、嵌入式系统上也有长足的进步。使用者不仅可以直观地获取该操作系统的实现机制，还可以根据自身的需要来修改完善 Linux，使其最大化地适应用户的需要。

在成功安装 Windows 10 操作系统后，我们便可以安装 Linux 操作系统了。请借助网络资源先学习使用 VMware 安装 Linux 操作系统的方法，再完成安装，看看哪些同学能出色地完成任务。

学习检测

1．属于网络操作系统的是（　　）。

A．DOS 操作系统　　B．Windows 98 操作系统

C．Windows 2003 操作系统　　D．数据库操作系统

2．不是操作系统的是（　　）。

A．Windows　　B．Windows 7　　C．Windows 8　　D．Windows 10

3．不是安装驱动程序的方法是（　　）。

A．自动安装　　B．官网下载　　C．第三方软件　　D．光盘安装

4．对安装系统描述正确的是（　　）。

A．立刻安装成功　　B．安装需要等待一段时间

C．不需要计算分区　　D．安装中可以关机

5．在各种输入法和英文之间切换，需要按的快捷键是（　　）。

A．Ctrl+空格键　　B．Ctrl+Shift　　C．Ctrl+1　　D．Ctrl+Alt

任务 1.5 管理信息资源

通过“管理信息资源”的学习，能根据实际业务需求熟练进行信息资源的操作管理，

会以压缩、加密、备份等方式对信息资源进行简单保护。

任务情境

“张工好！前面的任务我都完成了，您还满意吧？”小明兴奋地向正在忙碌的张工报告。

张工放下手中的工作，看了看小明，微笑着说：“嗯，年轻人，小看你了。但不要骄傲，项目还没有全部完成哦！”

“还有什么任务请您尽管吩咐。”小明满怀期待地说。

“根据公司规定，你要为所有台式计算机建立统一的文件目录，以便分类存放文件，要认真学习公司的规章制度，一定要注意文件的保密哦！”

“保证完成任务。”

学习目标

1. 知识目标

（1）能描述文件和文件夹的概念与作用。

（2）能辨识常见的信息资源类型。

2. 能力目标

（1）能根据实际业务需求，熟练进行信息资源的操作管理。

（2）能通过信息资源压缩、加密、备份等方式，对信息资源进行保护。

3. 素养目标

通过对信息资源的保护，培养学生的信息安全责任意识。

活动要求

借助学习资料开展自主学习，完成对信息资源的管理。

任务分析

小明接到任务后，认真查找有关资料，并借助思维导图对任务进行分析，如图 1-83 所示。

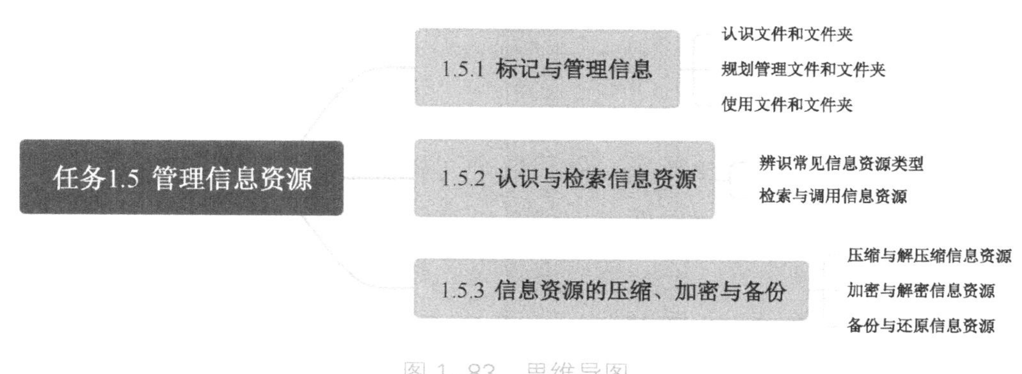

图 1-83 思维导图

小明厘清了思路，按思维导图整理好资料，开始对信息资源进行管理操作。

任务实施

1.5.1 标记与管理信息

在计算机、移动终端等电子智能设备中，信息资源通常以文件的形式存在，文件夹则是用来组织和管理文件的。

那么，什么是文件？什么是文件夹？

1. 认识文件和文件夹

（1）认识文件

“文件”一词最早在1952年被用于计算机数据方面，当时指的是在打孔卡上所存储的信息。打孔卡是一块纸板，在预先知道的位置利用打洞与不打洞来表示数字消息，如图 1-84所示。

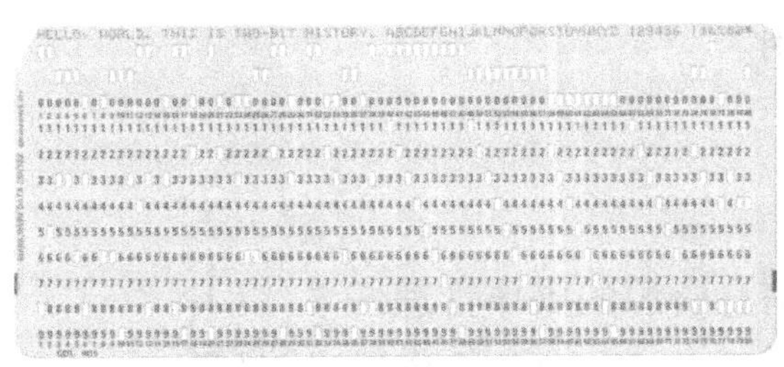

（a）打孔卡

（b）打孔机

图 1-84 打孔卡与打孔机

随着科技的发展，在当今计算机系统中，文件是指保存在计算机中的各种信息和数据。换句话说，文件就是以计算机硬盘为载体存储在计算机上的信息集合，它有多种类型，如文档、图片、表格、程序、音乐等。通常是由文件名和图标组成的，在默认情况下，它在计算机中是以图标形式显示的。

文件命名规则

说一说

同学们，小明每次完成任务都要撰写学习总结，请问该如何为若干学习总结文件命名呢？

（2）认识文件夹

文件夹用于协助人们管理计算机文件，每个文件夹对应一块磁盘空间，它提供了指向对应空间的地址。我们可以理解文件夹就像一个容器，内部可放置多个文件和子文件夹，便于我们分类保存与管理文件，它一般由文件夹图标和文件夹名称组成。文件夹可起方便记忆的名称，如文档、图片、音乐等。

此外，在 Windows 10 操作系统中，出现了一个新概念——库，“库”界面如图 1-85 所示。它的功能类似于文件夹，区别是系统并没有将文件保存到库中，而是对分布在硬盘上不同位置的同类型文件进行索引，将文件信息保存到库中。简单地说，库中保存的只是一些文件夹或文件的快捷方式，并没有改变文件的原始路径，这样可以在不改动文件存放位置的情况下集中管理，提高工作效率。

2. 规划管理文件和文件夹

在计算机系统中，一般使用文件夹对文件进行分类管理，而文件夹和文件又分散存储在各个磁盘分区中。因此，我们需要先对磁盘的使用进行规划，再对文件和文件夹进行规划，这样才能更好地完成分类管理任务。

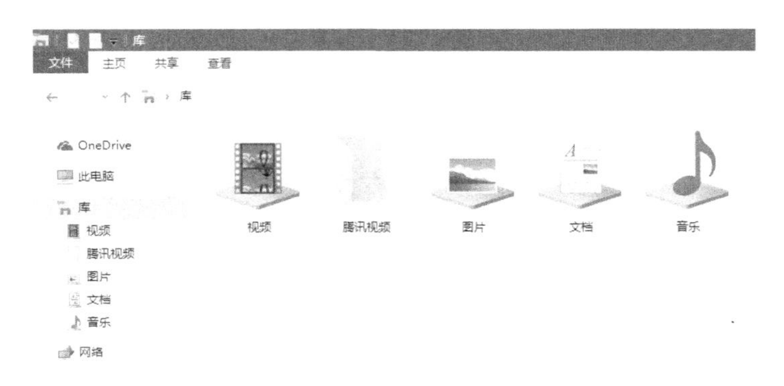

图 1-85 “库”界面

3. 使用文件和文件夹

在了解文件和文件夹的结构后，小明需要对文件和文件夹进行创建、选择、复制、移动、重命名以及删除等操作，来实现文件的分类归档管理。

（1）创建文件夹或文件

根据绘制好的文件和文件夹的分类结构图，小明要在“E:\”下创建各级文件夹或文件。

【操作步骤】

①在“文件资源管理器”窗口，选择并打开“本地磁盘（E:）”窗口，右击内容窗格空白处，在弹出的快捷菜单中选择“新建”→“文件夹”菜单命令，如图 1-86 所示。

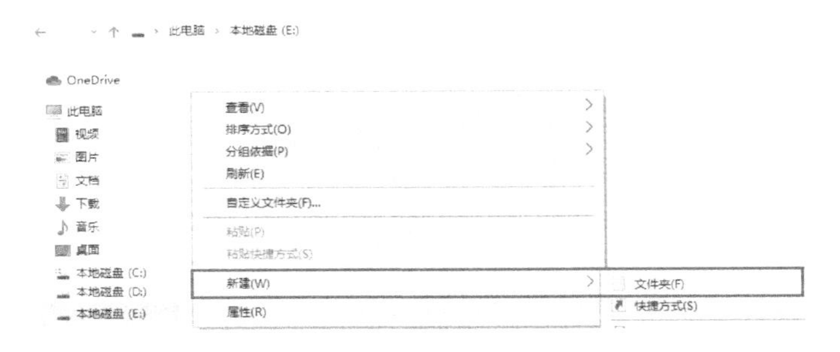

图 1-86 新建文件夹

②输入新文件夹的名称“日常工作”，按 Enter 键即可完成文件夹的创建，如图 1-87 所示。按照上述方法，依次新建“公司文件”“临时文件”等文件夹。

新建文件的方法与新建文件夹类似，在右击弹出的快捷菜单中，选择“新建”命令，然后选择文件类型，输入新文件名即可。

小技巧

① 选择要新建文件夹的位置，在内容窗格空白处右击，然后在键盘上依次按 W、F 键，即可创建文件夹。

② 选择要新建文件夹的位置，按“Ctrl+Shift+N”快捷键即可创建新文件夹。

（2）选择文件或文件夹

小明要将计算机“桌面”上的公司规章制度相关文件，存放到本地磁盘（E:）对应的文件夹中。

【操作步骤】

打开“本地磁盘（E:)”，拖动鼠标选择所有文件夹，或按住 Ctrl 键单击相应的文件夹，可以多选或排除已选择的文件夹，如图 1-88 所示。选择文件与选择文件夹的方法相同。

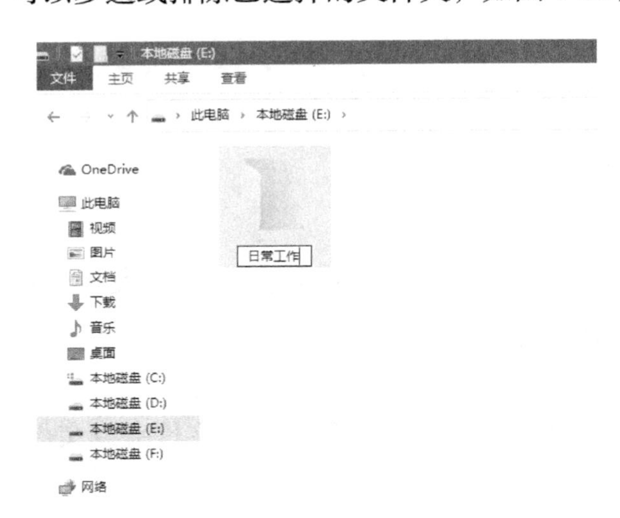

图 1-87　命名文件夹

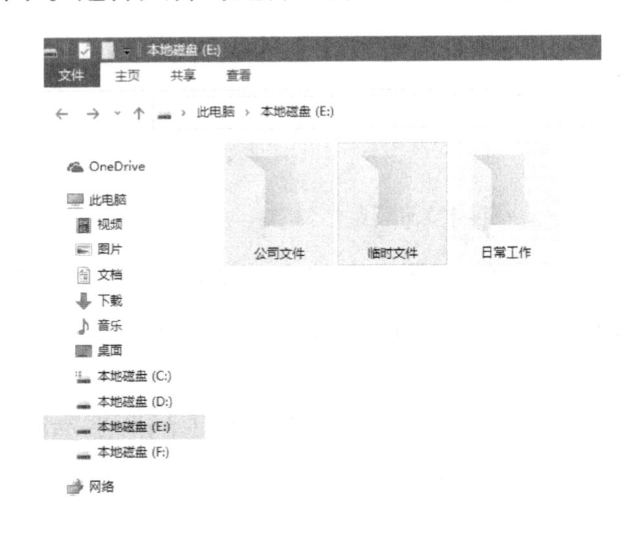

图 1-88　选择文件夹

小技巧

按“Ctrl+A”快捷键可快速选择全部文件。

（3）复制、移动文件

小明选中目标文件后，要将文件复制到“公司文件”文件夹下的“规章制度”子文件夹中。

【操作步骤】

方法一：使用菜单命令复制文件。

选中目标文件后，在“主页”选项卡的“组织”功能区中，打开“复制到”下拉列表，选择“选择位置”菜单命令，在“复制项目”窗口中，选择“规章制度”子文件夹，单击“复制”按钮，即可完成文件复制，如图 1-89 所示。如果需要移动文件，可在“组织”功能区中选择“移动到”。

方法二：使用快捷键复制或移动文件。

①右击目标文件，在弹出的快捷菜单中单击“复制”命令即可复制文件，如图 1-90 所示。如果需要移动文件，可在快捷菜单中单击“剪切”命令。

②右击目标文件夹内容窗格的空白处，在弹出的快捷菜单中单击“粘贴”命令，即可完成文件复制，如图 1-91 所示。

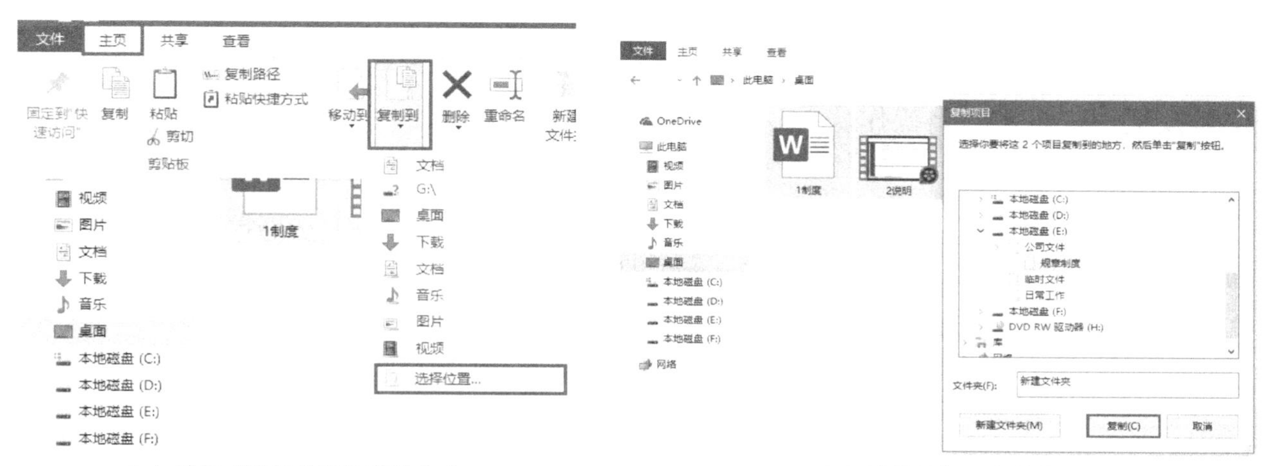

（a）选择“选择位置”菜单命令　　（b）选择目标子文件夹

图 1–89　复制文件

图 1–90　复制文件

图 1–91　单击“粘贴”命令

方法三：使用组合键复制或移动文件。

选中目标文件后，按“Ctrl+C”快捷键为“复制”命令，按“Ctrl+X”快捷键为“剪切”命令；在目标文件夹中，按“Ctrl+V”快捷键为“粘贴”命令。

小提示

① 复制或移动文件时，若目标文件夹中已存在同名文件，会弹出“替换或跳过”对话框，选择相应选项即可完成操作或终止操作。若目标文件夹中已存在同名文件夹，会自动将两个同名文件夹中的文件进行合并。

② 复制或移动文件时，文件应处于关闭状态，否则无法进行移动操作，复制操作虽然能进行，但复制的是文件打开前的状态。

（4）重命名文件或文件夹

小明发现“1 制度”文件的文件名没能准确概括文件内容，经过张工允许后，他决定对该文件进行重命名操作。

【操作步骤】

选中“1 制度”文件，在“主页”选项卡的“组织”功能区中，选择“重命名”菜单命令，输入“1 公司管理制度”，按 Enter 键即可完成文件的重命名操作，如图 1-92 所示。文件夹与文件重命名的操作方法相同。

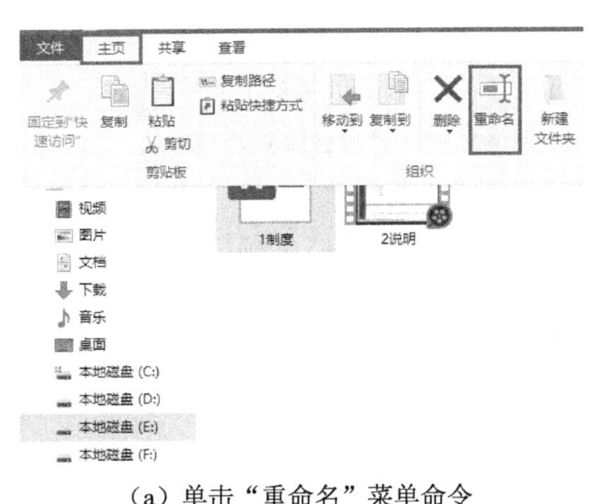

（a）单击“重命名”菜单命令

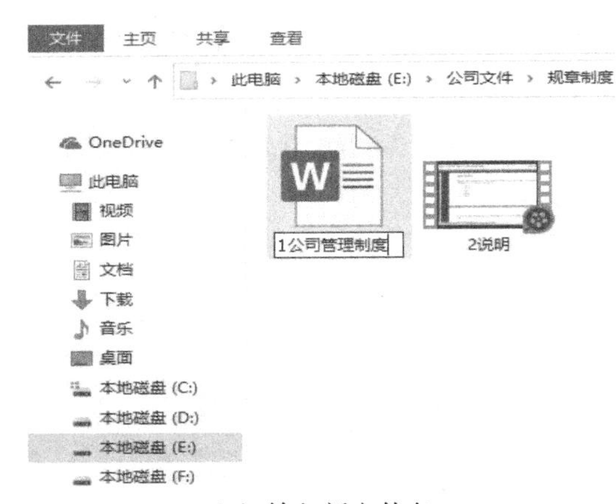

（b）输入新文件名

图 1-92 重命名文件

小技巧

右击选中的文件，在弹出的快捷菜单中可找到“重命名”命令。

（5）删除文件或文件夹

小明在确认“公司文件”文件夹中的文件都能够正常打开后，决定删除计算机“桌面”上的“制度”文件夹。

删除文件或文件夹，可通过“组织”功能区中的“删除”菜单命令、右键快捷菜单命令、快捷键（按 Delete 键）等方法来实现。下面以用右键快捷菜单命令删除文件夹为例。

【操作步骤】

右击“1 制度”文件，在弹出的快捷菜单中单击“删除”命令即可，如图 1-93 所示。

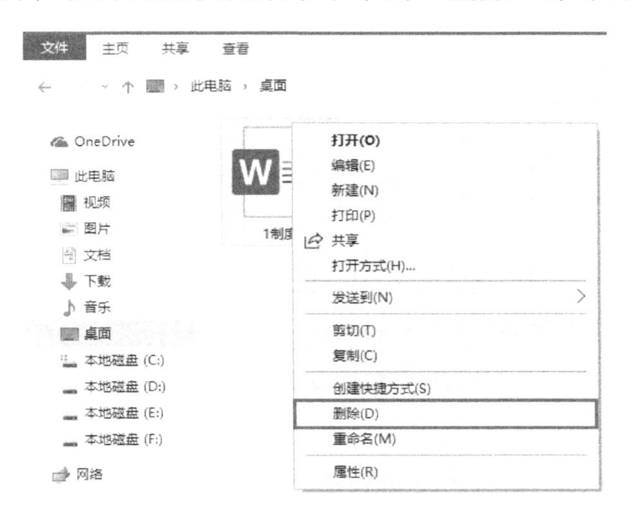

图 1–93　单击“删除”命令

小技巧

①通过右键快捷菜单命令、快捷键（按 Delete 键）删除文件或文件夹操作属于逻辑删除，实际上是将文件或文件夹放到了计算机“回收站”中，我们可以在“回收站”中对被删除的文件或文件夹执行还原、剪切、删除等操作。

②按“Shift+Delete”快捷键删除文件或文件夹操作被视为物理删除，是将文件或文件夹直接从磁盘中清除，它们不在“回收站”中。

1.5.2　认识与检索信息资源

1. 辨识常见信息资源类型

常见的信息资源类型有视频、音频、文档、软件等，在计算机或其他信息设备中它们分别以不同的文件格式存放，因此，它们在资源管理器中显示的扩展名和图标也不同。常见的文件类型与对应的文件扩展名见表 1-15。

表 1–15　常见文件类型与文件扩展名

文件类型	文件扩展名	支持的操作系统类型
文档文件	.docx/.pptx/.pdf/.txt	所有类型操作系统
图像文件	.bmp/.gif/.jpg/.jpeg/.png/.tif	所有类型操作系统
音频文件	.wav/.aiff/.mp3/.wma	所有类型操作系统
视频文件	.avi/.mov/.mp4/.wmv/.mkv	所有类型操作系统
网页文件	.htm/.html	所有类型操作系统

续表

文件类型	文件扩展名	支持的操作系统类型
可执行文件	.exe/.com	Windows 操作系统
	.ipa	iOS 操作系统
压缩文件	.rar/.zip	Windows 操作系统
	.gz/.zip/.ar	Linux、UNIX 操作系统
光盘镜像文件	.iso	所有类型操作系统

2. 检索与调用信息资源

（1）查找文件

在日常学习或工作中，尽管我们会合理地规划文件的目录结构，按规则命名、存放文件，但会出现忘记某个文件的存放目录的情况，有时只记得部分文件名，或者只记得最近修改文件的日期。这时，我们可以通过查找文件或文件夹的操作，快速找到所需文件。

【操作步骤】

如果按文件名查找文件，可在“文件资源管理器”窗口的“搜索框”中，输入要查找的部分文件名或全部文件名，单击→，即可在内容窗格中看到查找文件的结果，如图 1-94 所示。

如果按文件修改日期查找文件，可在“搜索”选项卡中的“优化”功能区，单击“修改日期”下拉列表，选择“今天”，即可在内容窗格中看到查找文件的结果，如图 1-95 所示。

图 1-94　按文件名查找文件

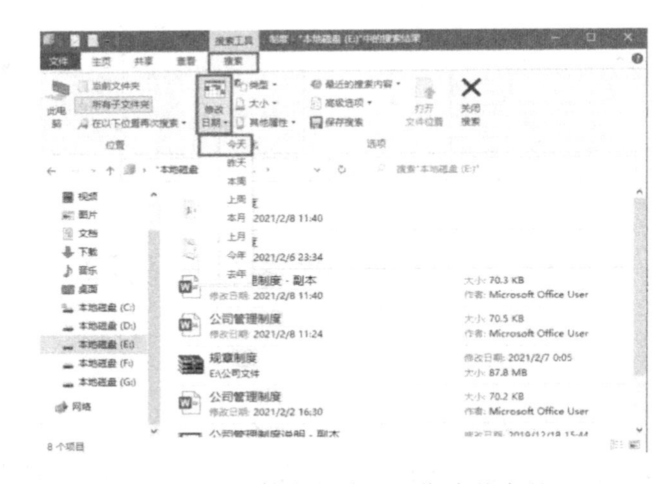

图 1-95　按文件修改日期查找文件

试一试

同学们可以尝试按文件“类型”“大小”等条件查找文件。

（2）调用信息资源

当我们打开一个文件时，一般需要启动关联的应用程序。请将调用不同类型的文件时，需启动的应用程序填写在表 1-16 中。

表 1–16　文件与需启动的应用程序

文件类型	文件扩展名	应用程序
文档文件	.docx/.pptx/.xlsx	
	.txt	
图像文件	.bmp/.gif/.jpg	
音频文件	.wav/.mp3/.wma	
视频文件	.avi	
	.mov	
网页文件	.htm/.html	
压缩文件	.rar	
	.zip	

小明准备将整个目录结构传送到其他计算机中，他突然发现“制度解读视频”文件较大，导致传输速度很慢。考虑到公司制度属于公司秘密，没有得到保护的文件会有很大的安全隐患，于是他查阅了学习资料中对信息资源压缩与加密的方法。

1.5.3　信息资源的压缩、加密与备份

1. 压缩与解压缩信息资源

在计算机系统中，以文件形式存储的信息可以借助压缩工具，减小信息资源所占用的存储空间，以提高存储器的利用效率和在网络中传输信息的速率。目前压缩工具软件有很多，如 WinRAR、7-Zip、BetterZip 等，下面以用 WinRAR 工具软件压缩文件为例。

【操作步骤】

（1）右击要压缩的文件夹，即右击“规章制度”文件夹，在弹出的快捷菜单中选择“添加到压缩文件（A）...”命令，如图 1-96 所示。

（2）在“压缩文件名和参数”对话框中，可以修改“压缩文件名”“压缩文件格式”等参数，若不修改参数，则单击“确定”按钮，完成文件的压缩，如图 1-97 所示。

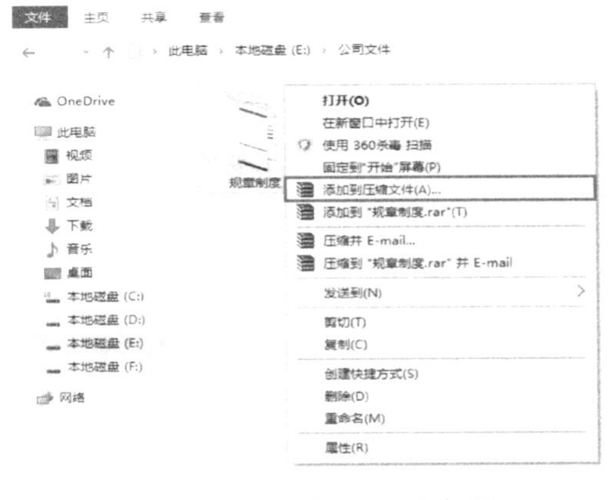

图 1–96　添加到压缩文件

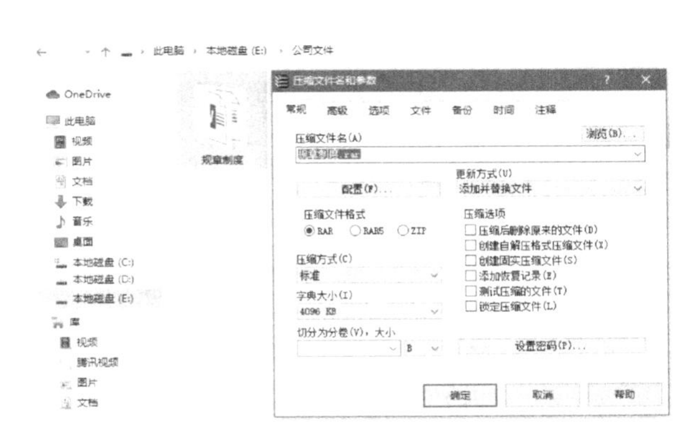

图 1–97　“压缩文件名和参数”对话框

（3）文件的解压缩与压缩的操作类似，右击压缩文件，即右击“规章制度.rar”文件，在弹出的快捷菜单中选择“解压文件（A）...”命令，如图 1-98 所示。

（4）在“解压路径和选项”对话框中，若不修改参数，则单击“确定”按钮，完成文件的解压缩，如图 1-99 所示。

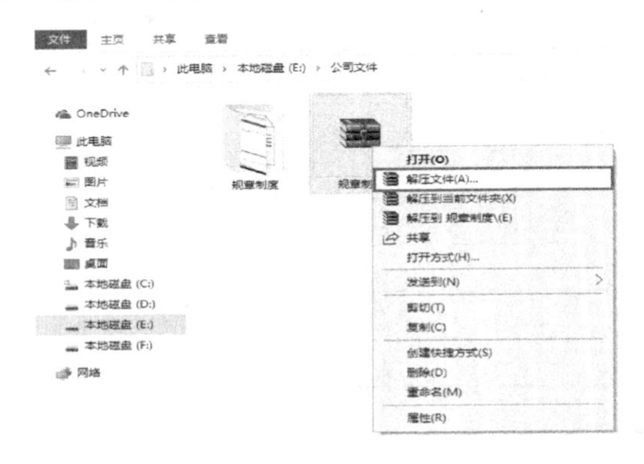

图 1–98　选择“解压文件（A）...”命令

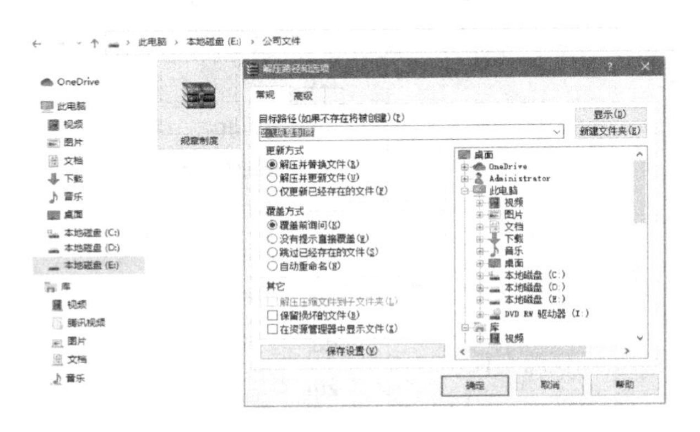

图 1–99　“解压路径和选项”对话框

小技巧

①上述示例中，如果在弹出的快捷菜单中选择“添加到‘规章制度.rar’（T）”命令，可快速创建压缩文件，不会出现任何窗口。

②如果在弹出的快捷菜单中选择“压缩并 E-mail...”命令，压缩文件后，会自动启动 Windows 电子邮件系统。

2. 加密与解密信息资源

为保护信息资源的安全，可以在压缩的同时，对文件或文件夹进行加密，只有被授权的用户才能查看文件资源信息。对于常见的文件加密操作，则需要安装第三方工具软件，如 WinRAR、文件加密大师等。下面以用 WinRAR 工具软件加密文件为例。

【操作步骤】

（1）右击要压缩并加密的文件夹，即右击“规章制度”文件夹，在弹出的快捷菜单中选择“添加到压缩文件（A）...”命令。

（2）在“压缩文件名和参数”对话框中，单击“设置密码”按钮，输入密码并确认密码后，依次单击“确定”按钮，完成文件加密操作，如图 1-100 所示。

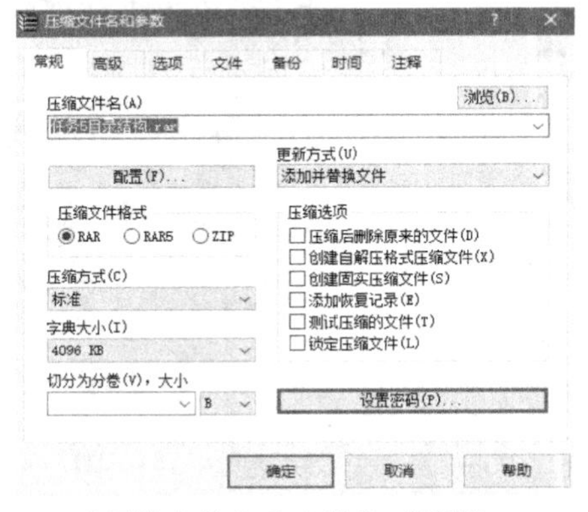

（a）“压缩文件名和参数”对话框

（b）输入密码

图 1–100　设置密码

（3）如果需要验证加密操作，则右击加密文件，即右击“规章制度.rar”文件，在弹出的快捷菜单中选择“解压文件（A）...”命令。

（4）在“输入密码”对话框中输入正确的密码，单击“确定”按钮即可解密、解压缩该文件，如图 1-101 所示。

图 1–101　输入密码

3. 备份与还原信息资源

随着大数据时代的到来，人们越来越意识到数据是无价的，备份已成为保护数据的有效手段之一。所谓备份就是将一些重要的文档或整个信息系统的数据进行自我复制，以便在出现故障或不慎被删除时能及时恢复，一般有本机备份和云备份两种方式。

> 小提示
>
> 建议密码设置为长度不少于 8 位的“数字+字母+特殊符号”组合形式，来增强密码的复杂度，提高文件安全性。

Windows 10 操作系统中自带了一种本机备份功能，只需打开相应的设置，操作系统就可以自动将指定文件夹中的文件备份到其他硬盘分区或外存储器上。

在学习“备份”等相关内容后，小明准备对操作系统进行备份，以便系统出错后能快速还原到当时备份的系统状态。

【操作步骤】

（1）在“Windows 设置”窗口中，单击“更新和安全”选项，如图 1-102 所示。

图 1–102　“Windows 设置”窗口

（2）在“更新和安全”窗口中，选择“备份”菜单命令，单击“添加驱动器”按钮，选择移动硬盘驱动器，如图 1-103 所示。

（3）系统会在备份驱动器中生成一个名为“FileHistory”的文件夹，此时我们只备份了系统中的“Administrator”文件夹，如果要备份系统，则单击“更多选项”，如图 1-104 所示。

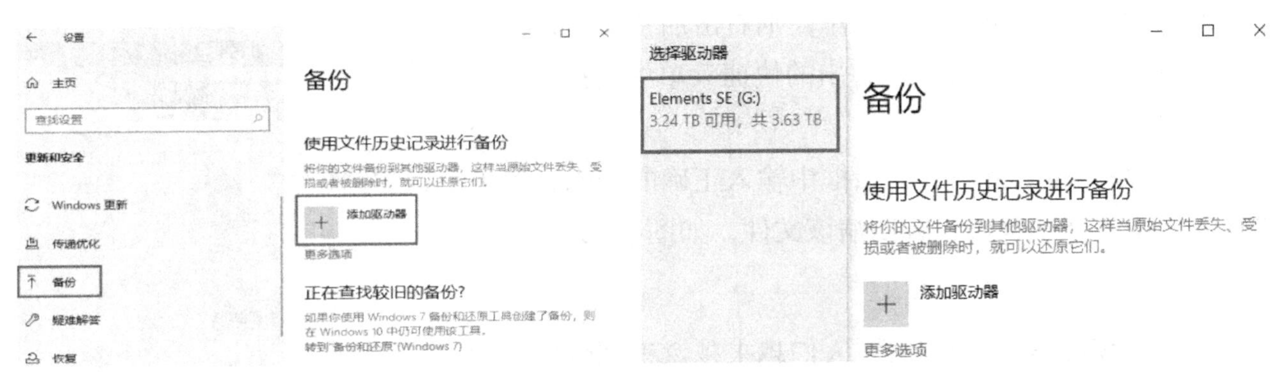

（a）启动“添加驱动器”功能　　　　（b）选择移动硬盘驱动器

图 1-103　选择备份驱动器

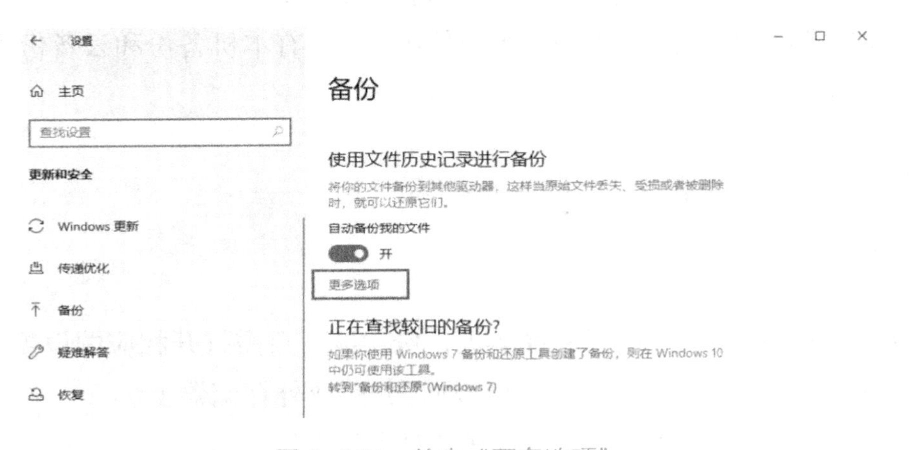

图 1-104　单击“更多选项”

（4）单击“添加文件夹”按钮，选择“本地磁盘（C:）”，然后单击“立即备份”按钮即可完成文件备份，如图 1-105 所示。

为了验证备份效果，小明决定使用“还原”功能，还原当时备份的系统状态。

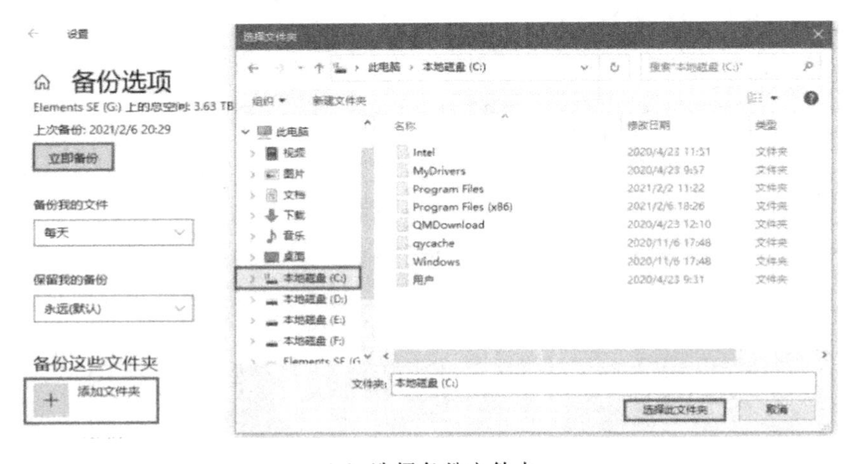

（a）选择备份文件夹　　　　（b）备份文件

图 1-105　完成文件备份

【具体操作】

（1）在搜索框中输入“还原”，在结果列表中选择“通过文件历史记录还原你的文件”，如图 1-106 所示。

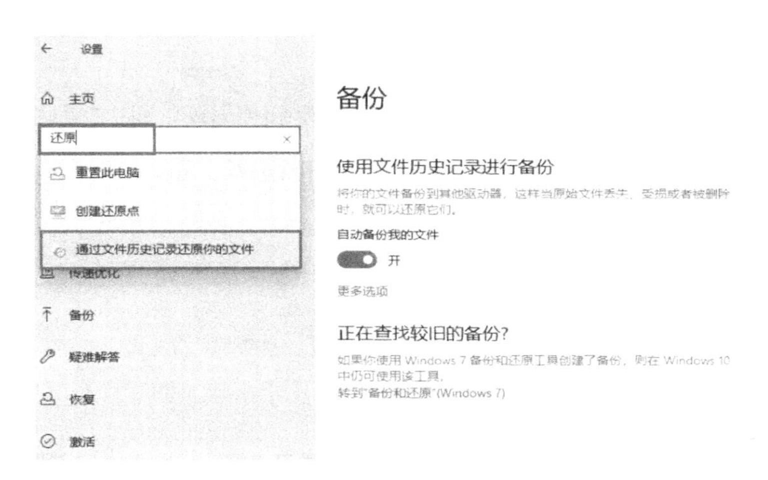

图 1–106　启动“还原”功能

（2）在“主页-文件历史记录”窗口中，单击按钮，还原系统，如图 1-107 所示。

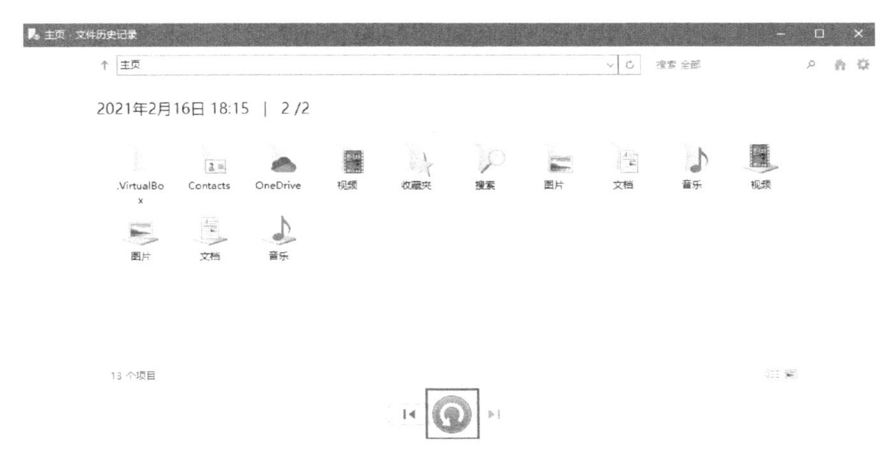

图 1–107　还原系统

学习检验

“小明，怎么样？是不是早已经完成任务了？”张工微笑着走向小明。

“嗯，已经全部完成了，我检查了几次，确信没有问题。”小明十分肯定地回答。

“非常好！老规矩，考考你。”张工拿出一张表。

该表为本任务的完成情况评价表（见表 1-17），请你根据实际情况填写此表。

表 1–17　完成情况评价表

任务要求	很好	好	不够好
能描述文件和文件夹的概念和作用			
能辨识常见的信息资源类型			
能根据实际业务需求熟练地进行信息资源的管理操作			
能通过信息资源压缩、加密、备份等方式对信息资源进行保护			
具有信息安全责任意识			

学习小结

测试完成了。

“成绩依然优秀，看来你在校园内也是一名优秀的学生。”张工看起来很满意。

“谢谢张工！在本次任务的完成过程中，我收获很多，都写在了笔记本中。”小明边说边将笔记本递给张工。

“一定要养成善于总结和反思的好习惯，非常好！”张工高兴地接过了笔记本。

请你根据自己的实际情况填写表 1-18。

表 1–18　学习总结表

主要学习内容	学习方法	学习心得	待解决的问题
整体总结：			

“非常好！内容详实，语言简洁明了，可以看出你有很大的收获，继续加油啊！”张工对小明越来越欣赏了。

拓展学习

请你根据在本次任务中学到的知识与技能，对自己的个人计算机文件目录进行规划与管理，并将一些重要的文件或文件夹进行压缩、加密与备份（要求使用 Windows 10 操作系统自带的 Windows 7 操作系统备份工具，如图 1-108 所示），将学习结果以文档或图片等形式上传到学习群中，与同学们进行交流。

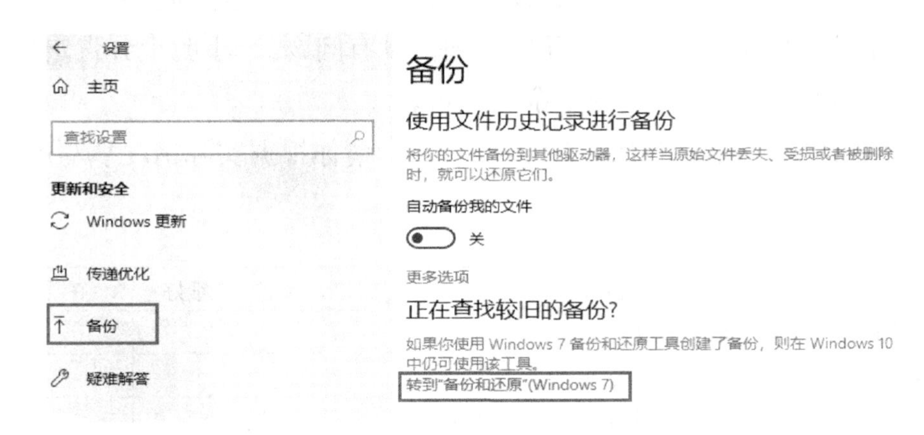

图 1–108　备份和还原（Windows 7 操作系统）

学习检测

一、单选题

1．在 Windows 系统中，文件名中不能包含的是（　　）。

A．*　　B．@　　C．空格　　D．$

2．在 Windows 资源管理器中，想选中不连续的多个文件，应按（　　）键再逐个单击文件。

A．Shift　　B．Alt　　C．Ctrl　　D．空格

3．在 Windows 资源管理器中，如果选中了 A 文件夹中的文件，并按住鼠标左键拖动到 B 文件夹中，则结果是（　　）。

A．将该文件从 A 文件夹移动到 B 文件夹

B．将该文件从 A 文件夹复制到 B 文件夹

C．将该文件从 A 文件夹中删除

D．没有任何结果

4．下列不属于文档文件后缀名的是（　　）。

A．.docx　　B．.txt　　C．.pptx　　D．.avi

二、判断题

1．文件就是以计算机硬盘为载体存储在计算机上的信息集合。（　　）

2. 随着存储介质容量的不断增大及网络传输速率的提升，文件压缩是没有必要的。（　　）

3．加密操作可增强对文档的保护，防止被居心不良的人窃听或破坏。（　　）

任务 1.6 维护系统

通过“维护系统”的学习，能对计算机和移动终端等信息技术设备进行简单的安全设置，会通过设置用户权限等方式对信息资源进行简单保护，会使用相应的工具软件测试系统的性能，能发现故障并进行相应的维护，会使用帮助系统解决信息技术设备及系统在使用过程中遇到的问题，能借助数字化学习工具进行自主学习。

任务情境

张工走进办公区，看到若有所思的小明，上前问道：“遇到难题了？”

“我对公司重要数据进行了加密和备份，总感觉还是存在安全隐患，不知道该如何提升对信息资源的保护？”小明一脸疑惑地问道。

张工满意地点了点头，说道：“能主动思考问题并寻找解决方案，值得表扬啊！给你点

提示——用户权限，至于怎么做，你自己思考，一定要测试一下系统的性能。”

张工说完便转身离开了，留下一脸问号的小明。

学习目标

1. 知识目标

（1）能说明用户账户的概念。

（2）能列举常见的系统测试与维护工具。

2. 能力目标

（1）能通过设置用户权限对信息资源进行简单保护。

（2）能使用工具软件测试与维护系统。

3. 素养目标

通过使用帮助系统解决问题，培养学生的自主学习意识。

活动要求

借助学习资料开展自主学习，完成对系统的维护。

任务分析

面对项目中最后的任务，小明虽然觉得有难度，但还是认真地查看学习资料，并借助思维导图对任务进行分析，如图 1-109 所示。

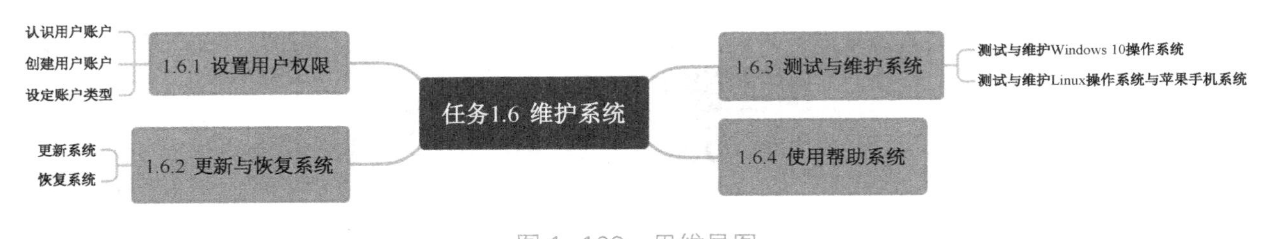

图 1-109　思维导图

小明厘清了思路，按思维导图整理好资料，开始对系统进行维护。

任务实施

计算机与我们生活密不可分，我们对计算机的依赖程度越来越高，可是计算机并不安全，它存在着多种安全缺陷和漏洞。攻击者经常利用这些安全缺陷和漏洞对计算机实施攻击和入侵，窃取重要机密资料，导致计算机瘫痪等，有可能给个人或社会造成巨大损失。因此，在对计算机采取专业保护措施前，我们可通过设置用户权限、更新系统等方式对信息资源进行简单保护，并定期对计算机系统进行测试与维护，增强对计算机的安全保护。

1.6.1 设置用户权限

1. 认识用户账户

计算机用户是指使用计算机或网络的人，其通常拥有一个用户账号。用户账户可为用户或计算机提供安全凭证，包括用户名和用户登录所需要的密码，以及用户的权利和权限。通过设置用户账户可以指定用户访问规定的信息资源，进行授权的操作，避免非法使用者对系统的侵害，这是保护信息安全的重要手段，也是系统维护的重要操作。

2. 创建用户账户

在安装或首次使用操作系统时，一般都要求设置一个用户名，并要求输入用户密码，以保证只有经过授权的用户才能使用系统。如果是多人共同使用一台计算机，就需要创建不同的用户账户。

【操作步骤】

（1）使用管理员用户（非 Administrator 用户）登录系统，在“Windows 设置”窗口中，单击“账户”选项，如图 1-110 所示。

图 1-110 “Windows 设置”窗口

（2）在左侧窗格中选择“家庭和其他用户”，在右侧窗格中单击“将其他人添加到这台电脑”，如图 1-111 所示。

（3）如果输入“电子邮件或电话号码”，即可创建名为输入的电子邮件或电话号码的用户，如果自己定义用户名称，可单击“我没有这个人的登录信息”，如图 1-112 所示。

（4）可以用 Microsoft 账户来创建用户，如果没有 Microsoft 账户，可单击“添加一个没有 Microsoft 账户的用户”，如图 1-113 所示。

（5）输入新账户名、密码并确认密码后，单击“下一步”按钮，如图 1-114 所示。

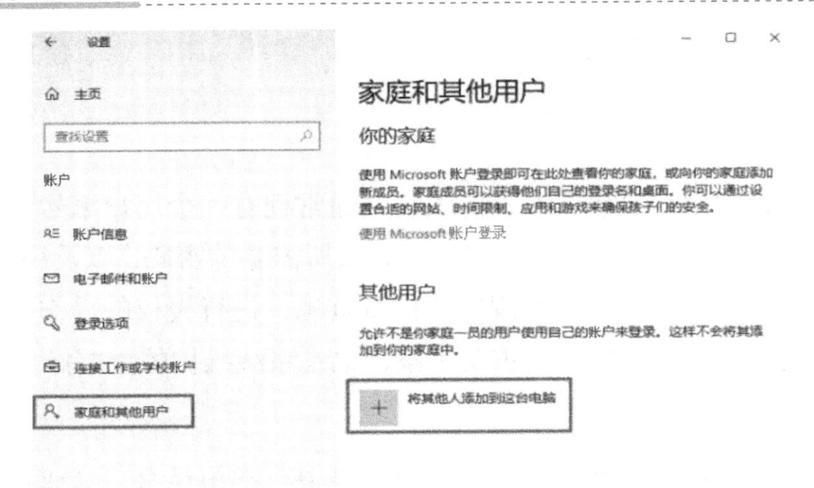

图 1–111　开启用户创建功能

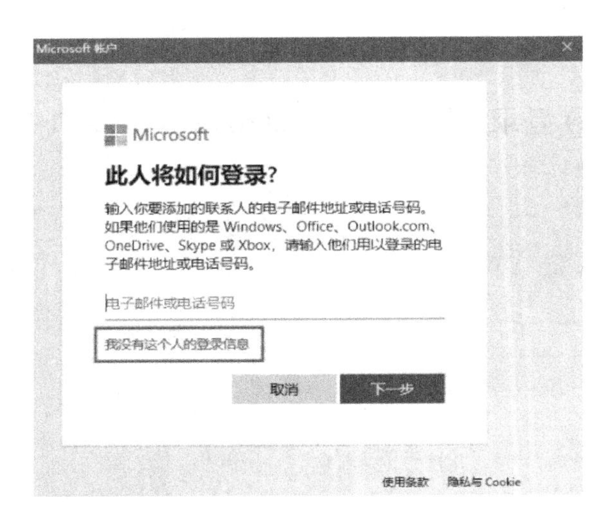

图 1–112　输入新用户登录信息

图 1–113　添加一个没有 Microsoft 账户的用户

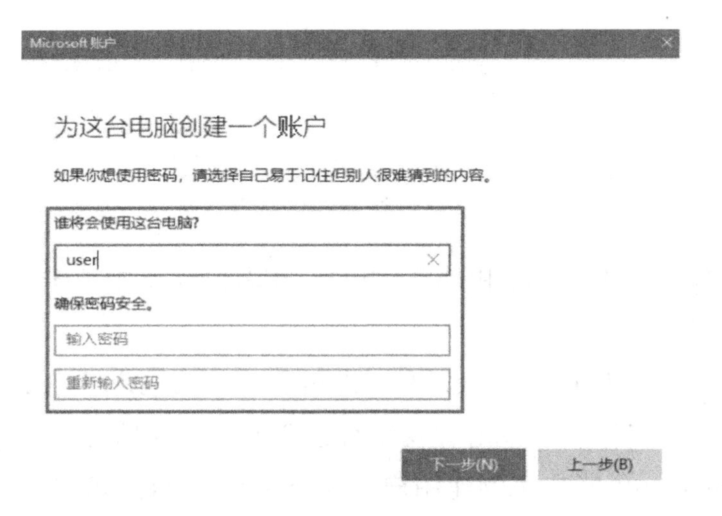

图 1–114　输入新账户名及密码

（6）完成新账户创建后，可看到新账户的信息，如图 1-115 所示。

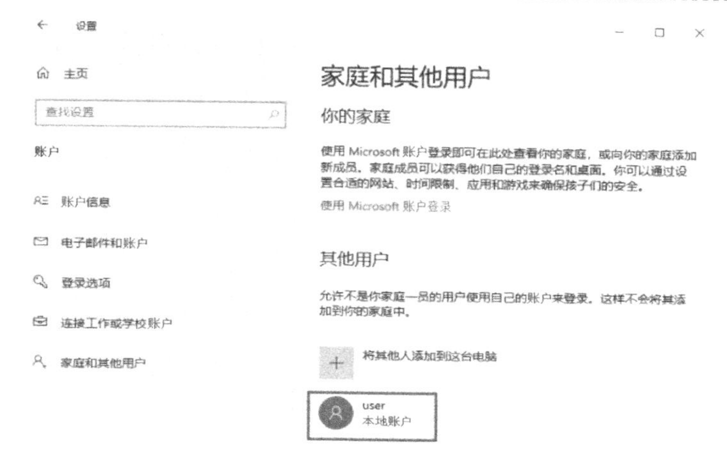

图 1-115　新账户信息

想一想

同学们，如何在 Linux 操作系统下创建账户呢？

3. 设定账户类型

账户类型包括管理员、标准用户（普通用户）和来宾用户。管理员拥有对整个系统的控制权，能改变系统设置，可以安装和删除程序，能访问计算机中的所有文件。除此之外，他还拥有控制其他用户的权限。系统中至少要有一个管理员账户。标准用户账户是受到一定限制的账户，该账户可以访问安装在计算机中的程序，可以设置自己账户的图片、密码等，但无权更改大多数计算机的设置。来宾账户是供没有用户账户的人使用的，来宾账户仅有最低的权限，没有密码，无法对系统做任何修改，只能查看计算机中的资料。

如果要更改账户类型，则需要先使用管理员类型的账户登录，具体操作步骤如下。

【操作步骤】

（1）在“家庭和其他用户”窗格中，单击“更改账户类型”按钮，如图 1-116 所示。

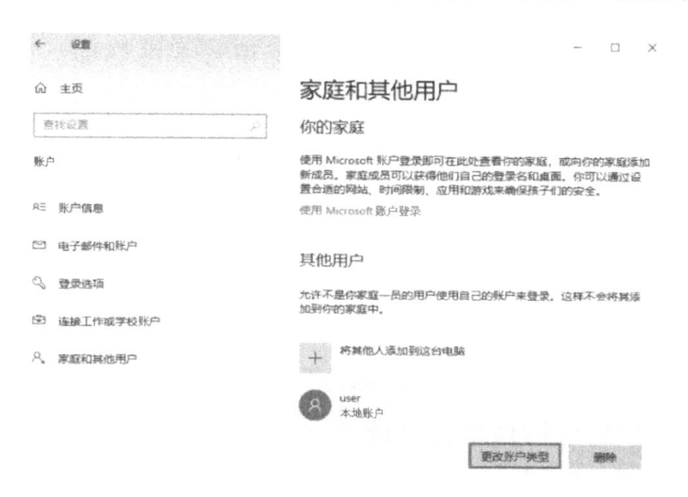

图 1-116　启动更改账户类型功能

（2）在“更改账户类型”对话框中，打开账户类型下拉列表，可选择“管理员”或“标准用户”，单击“确定”按钮即可完成账户类型的修改，如图 1-117 所示。

图 1–117 “更改账户类型”对话框

1.6.2 更新与恢复系统

1. 更新系统

操作系统是一个庞大而复杂的软件系统，在设计和使用过程中可能会出现漏洞，需要定期更新，以保证系统的稳定性和安全性。我们可以使用操作系统自带的工具更新系统，也可以使用“360 安全卫士”等第三方工具软件进行系统更新。

2. 恢复系统

操作系统会因为操作失误或计算机病毒侵害等原因出现严重的问题，这时需要对系统进行恢复。我们可以使用操作系统自带的工具进行系统恢复，也可以使用专用的 U 盘或光盘工具进行系统恢复。

1.6.3 测试与维护系统

测试与维护系统的目的是保证计算机信息系统正常并可靠地运行，并能使系统不断得到改善和提高，以充分发挥作用。目前有很多用于系统测试与维护的工具软件，如 Windows 系统下的“360 安全卫士”“电脑管家”“鲁大师”等，Linux 系统下的“Stacer”“Ubuntu Cleaner”等，iOS 系统下的“腾讯手机管家”等，Mac OS 系统下的“System Toolkit”等。

1. 测试与维护 Windows 10 操作系统

【操作步骤】

（1）安装并运行“360 安全卫士”工具软件，单击“我的电脑”功能区中的“立即体检”按钮，即可对当前系统进行检查，如图 1-118 所示。

（2）系统体检后会显示结果，单击“一键修复”按钮对系统进行修复，即可进行系统的维护和优化处理，如图 1-119 所示。

图 1-118　启动系统体检功能

图 1-119　修复系统

（3）如果要检查系统中是否有木马病毒，则单击“木马查杀”功能区中的“快速查杀”按钮，即可快速扫描系统中的木马病毒或易被感染的危险设置，如图 1-120 所示。

图 1-120　启动木马病毒扫描功能

（4）单击“一键处理”按钮，即可对查出的危险项进行清理，如图 1-121 所示。

图 1-121　处理危险项

小提示

木马病毒是指隐藏在正常程序中的一段具有特殊功能的恶意代码，是具备破坏和删除文件、发送密码、记录键盘和 DoS 攻击等特殊功能的后门程序。木马病毒其实是计算机黑客用于远程控制计算机的程序，将控制程序寄生于被控制的计算机系统中，里应外合地对感染了木马病毒的计算机进行控制。

（5）单击“系统修复”功能区中的“全面修复”按钮，可以更新系统补丁，修补漏洞，提高系统安全性，如图 1-122 所示。

图 1-122　启动全面修复功能

“360 安全卫士”工具软件还集成了数十种不同的工具，如果要检测系统的硬件参数及性能，可借助“鲁大师”工具软件。

【具体操作】

（1）在“我的工具”功能区中，安装“鲁大师”工具软件，如图 1-123 所示。

（2）运行“鲁大师”工具软件，单击“硬件检测”菜单命令，即可呈现系统的硬件参数和性能指标，如图 1-124 所示。

图 1-123 安装“鲁大师”工具软件

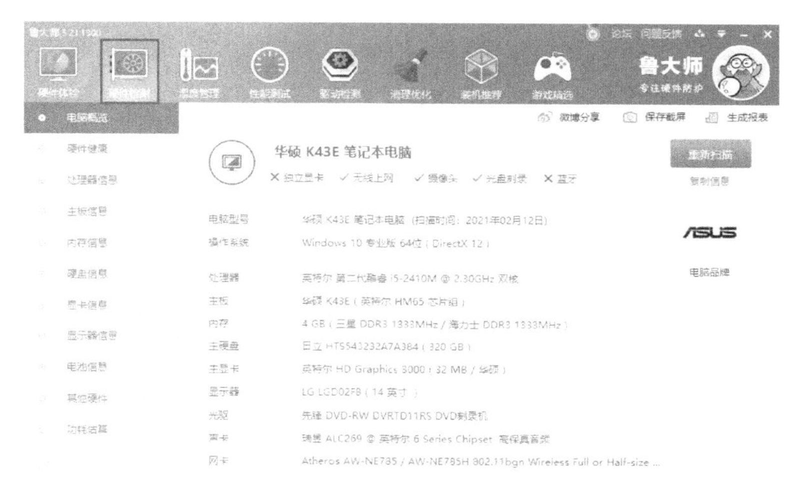

图 1-124 硬件检测结果

2. 测试与维护 Linux 操作系统与苹果手机系统

Linux 操作系统的“Stacer”工具软件和苹果智能手机系统的“腾讯手机管家”与“360 安全卫士”的功能类似，均可用于系统的测试与维护，其界面分别如图 1-125、图 1-126 所示。

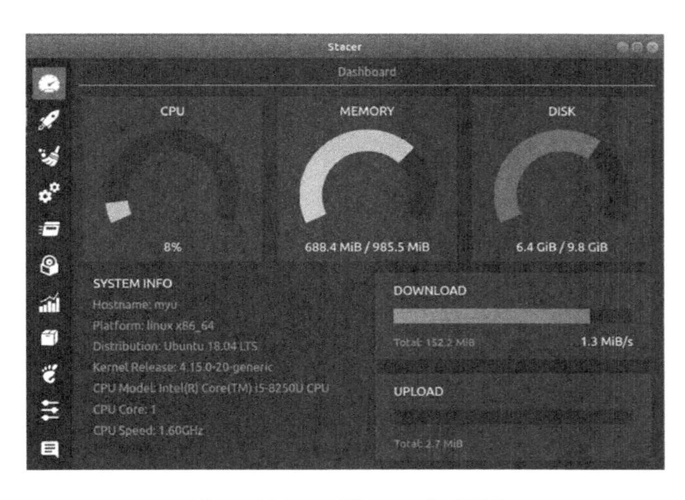

图 1-125 “Stacer”界面

图 1-126 “腾讯手机管家”界面

试一试

请同学们尝试在不同的操作系统中，使用与系统对应的测试与维护工具软件，进行系统测试与维护体验。

1.6.4 使用帮助系统

在使用计算机等智能设备的过程中，用户难免会遇到各种不知道该怎样解决的问题，此时若能第一时间使用系统自带的帮助和支持来解决问题，可省去借助第三方工具软件寻找解决问题方法的麻烦。

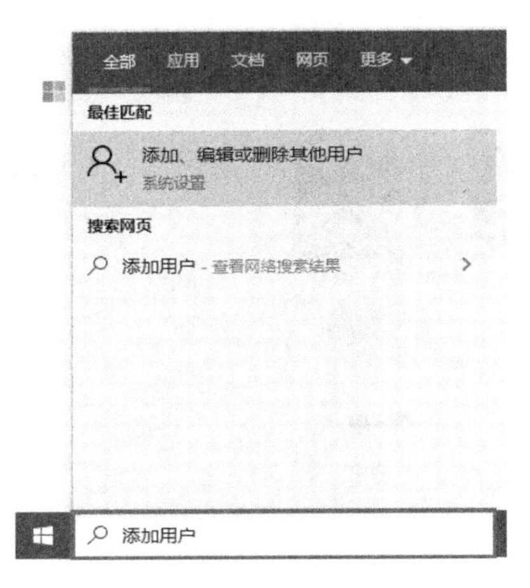

图 1–127 添加用户

Windows 的帮助和支持是 Windows 内置的帮助系统，基于 HTML 的界面显得更友善、更好用。借助该帮助系统可以快速获取常见问题的答案、疑难解答提示以及操作说明。

【操作步骤】

方法一：

（1）打开帮助系统，在任务栏“搜索框”中输入要查找的内容，例如输入“添加用户”，如图 1-127 所示。

（2）在弹出的菜单中，若选择“最佳匹配”中的“添加、编辑或删除其他用户”命令，则转到“设置”窗口中的添加用户功能区；若选择“搜索网页”中的“添加用户-查看网络搜索结果”，则打开相应的网页，网页中会提供“添加用户”相关信息内容，如图 1-128 所示。

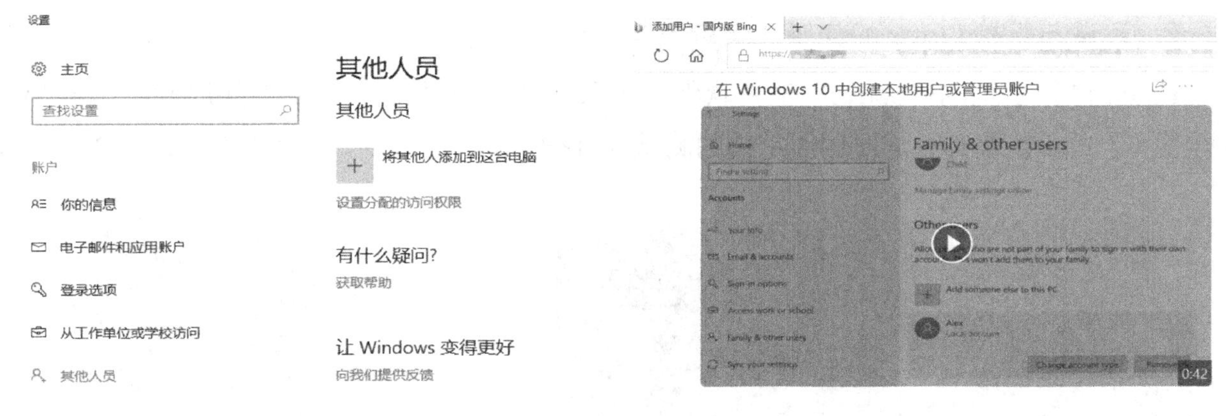

（a）“设置”窗口中的添加用户功能区　　（b）与搜索内容相关的网页信息

图 1–128 搜索信息结果

方法二：

Cortana 是 Windows 10 中自带的虚拟助理，它可以帮助用户安排会议、搜索文件，还可以回答用户问题，因此有问题找 Cortana 也是一个不错的选择。

单击任务栏中的○图标，启动 Cortana 程序，以语音形式与其沟通，能获取有关问题的帮助信息，如图 1-129 所示。

图 1–129　Cortana 启动界面

方法三：

F1 键是 Windows 内置的快捷调用帮助系统的按键。有些应用程序提供了自己的帮助功能，如果你在打开的应用程序中按 F1 键，则会打开该应用程序的帮助文件。而 Windows 10 会调用用户当前的默认浏览器，打开 Bing 搜索页面，可获取 Windows 10 中的帮助信息，如图 1-130 所示。

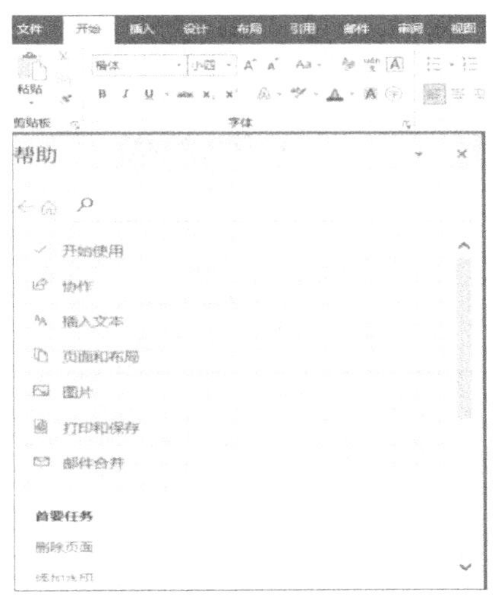

（a）调用应用程序帮助

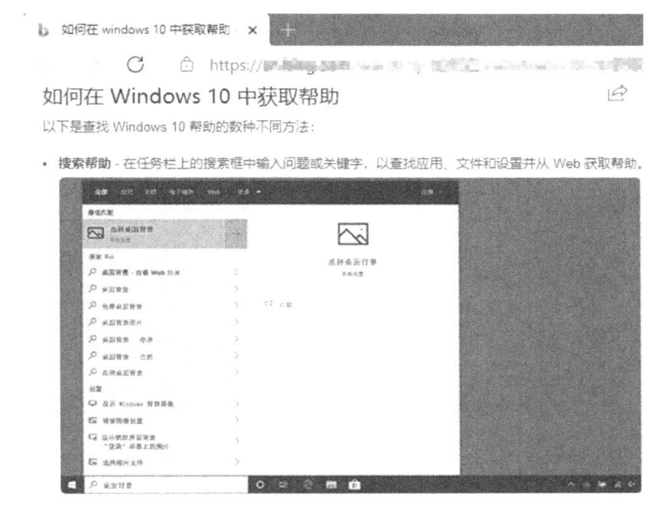

（b）调用系统帮助

图 1–130　按 F1 键调用帮助系统

学习检验

“小明，怎么样？最后的任务是不是早已经完成了？”张工微笑着走向小明。

“都已经完成了，就等您来验收了。”小明十分肯定地回答。

“非常好！看看你能不能过最后一关。我去检查一下项目完成情况，你来完成评价表。”张工拿出一张表。

该表为本任务的完成情况评价表（见表 1-19），请你根据实际情况填写此表。

表 1–19　完成情况评价表

任务要求	很好	好	不够好
能说明用户账户的概念			
能列举常见的系统测试与维护工具			
能设置用户权限并对信息资源进行简单保护			
能使用工具软件测试与维护系统			
具有自主学习意识			

学习小结

项目通过了验收。

“嗯，非常好，恭喜你完成了最后的任务，也祝贺你完成了整个项目，你很棒！”张工鼓起掌来。

“谢谢您！没有您的指导与帮助，我很难完成任务，我将收获和体会都记在了笔记本中。”小明边说边将笔记本递给张工。

“成功源于你的勤奋和努力。”张工高兴地竖起了大拇指。

请你根据自己的实际情况填写表 1-20。

表 1–20　学习总结表

主要学习内容	学习方法	学习心得	待解决的问题
整体总结：			

“非常好！每次任务总结都内容详实、反思深刻，我也得向你学习善于总结的好习惯啊！”小明被张工夸得有点不好意思了。

拓展学习

请你根据在本次任务中学到的知识与技能，在 NeoKylin Linux 操作系统中创建用户账户，并设置权限；安装并使用“Stacer”工具软件查看计算机硬件参数信息，对系统进行测试与维护，将学习结果以文档或图片等形式上传到学习群中，与同学们进行交流。

学习检测

1．Windows 操作系统的默认管理员名称是（　　）。

A．Administrator　　B．root　　C．管理员　　D．user

2．账户类型一般包括管理员、（　　）和来宾账户。

A．临时账户　　B．秘密账户　　C．标准账户　　D．匿名账户

3．NeoKylin 属于（　　）系列操作系统。

A．Windows　　B．UNIX　　C．Linux　　D．iOS

4．下列哪款工具软件不能用来测试与维护系统？（　　）

A．360 安全卫士　　B．QQ 影音　　C．腾讯安全管家　D．Stacer

5．下列哪种方式能够打开帮助系统？（　　）

A．按 F1 键　　B．按“Ctrl+F1”快捷键

C．按“Shift+F1”快捷键　　D．在浏览器地址栏中输入“帮助”

6．定期进行系统更新的主要作用是（　　）。

A．让系统界面看起来更美观

B．没什么实际作用

C．修补漏洞，以保证系统的稳定性和安全性

D．杀毒

2

学习单元

网络应用

主题项目　办公网络应用

项目说明

互联网的快速崛起和普及，对人类的社会行为、日常生活、价值观念和思维方式发生了广泛而深刻的影响。随着“互联网+”的概念出现，人们日常生活中的各个方面，都会直接或间接地受到网络环境的影响。随之出现的各种网络应用产品也逐渐融入人们的生产生活中，为人们带来了极大便利，同时也推动各行各业实现良好发展。因此，了解网络技术原理，认识网络环境的优势与不足，加深对网络文化和规范的理解，是你能够更准确、高效地完成工作岗位任务的必要条件。

希望你完成本项目学习后，能了解网络技术的基本常识，掌握常用网络应用的操作技能，养成正确的网络行为习惯。

项目情境

在小明的不懈努力下，信息部完成了办公环境搭建项目。目前，信息部汇总公司及各部门员工的网络应用需求，需要高效率地完成所有任务，让我们跟随张工和小明一起完成接下来的工作吧。

任务 2.1 认知网络

通过“认知网络”的学习，能了解网络技术的发展历程，以及互联网对组织和个人的行为、关系的影响；能了解与互联网相关的社会文化特征；能了解网络体系结构，以及TCP/IP、IP 地址的概念，并能进行相关设置；能了解互联网的工作原理。

任务情境

张工说:“小明，干得不错呀！工作完成得干净利落，工具使用与保管也很规范。接下来咱们部门的任务是将所有信息设备联网。结合互联网的工作原理、TCP/IP，你对配置网络这个任务有什么设想吗？”

小明回答:“您所说的工作原理和协议，包括计算机网络的一些基础知识，我还不够清楚，这个设想嘛……”

看到小明无奈的表情，张工眉毛一挑，就像变魔术一样，将一沓资料塞到了小明的手中，说:“没关系，我们一起来学习吧，相信了解这些知识后，你一定能够顺利完成任务。”

学习目标

1. 知识目标

能说出网络技术的发展历程、互联网的工作原理和与互联网相关的社会文化特征及基本内涵。

2. 能力目标

熟悉网络体系结构和 TCP/IP 的相关知识，能完成计算机网络设置。

3. 素养目标

了解互联网对组织及个人的行为、关系的影响，逐步培养学生良好的网络行为习惯。

活动要求

借助学习资料开展自主学习，完成对网络的基本认知。

任务分析

翻开厚厚的资料，小明已经不再像第一次那样畏惧，按照上一个任务的分析方法开始

进行如下安排。

（1）将工作内容逐一列出来。

（2）列出每项内容的所有环节。

（3）按重要性或流程进行排序。

（4）最终依照重要性以及可能遇到的困难，设定学习内容并制定实施方案。

小明用思维导图的方式对任务进行分析，如图 2-1 所示。

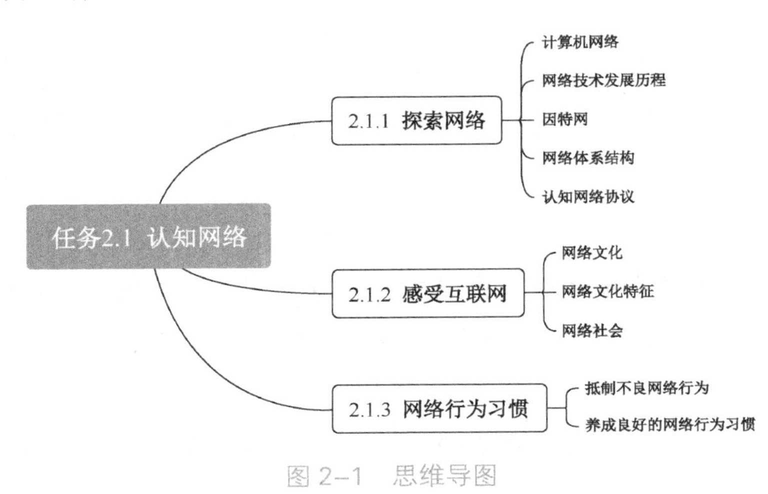

图 2-1 思维导图

小明厘清了工作思路，按思维导图整理好资料，开始学习。

任务实施

2.1.1 探索网络

在人类社会漫长的发展过程中，科学技术不断推动现代生产力的发展。从 20 世纪 60 年代开始，计算机网络技术以及网络经济现象的出现，使人类社会从工业社会进入信息社会。随着工业化、城市化的推进和新的通信技术的兴起，社会呈现越来越网络化的趋势。大到国家的通信、交通、物流领域，小到家庭的日常生活，网络无处不在。

1. 计算机网络

计算机网络是指将地理位置不同的具有独立功能的多台计算机及其外部设备，通过通信线路连接起来，在网络操作系统、网络管理软件及网络通信协议的管理和协调下，实现资源共享和信息传递的计算机系统，如图 2-2 所示。计算机网络按照覆盖地区范围分为局域网、城域网、广域网。

图 2-2 计算机网络示意图

2. 网络技术发展历程

网络技术发展历程如图 2-3 所示。

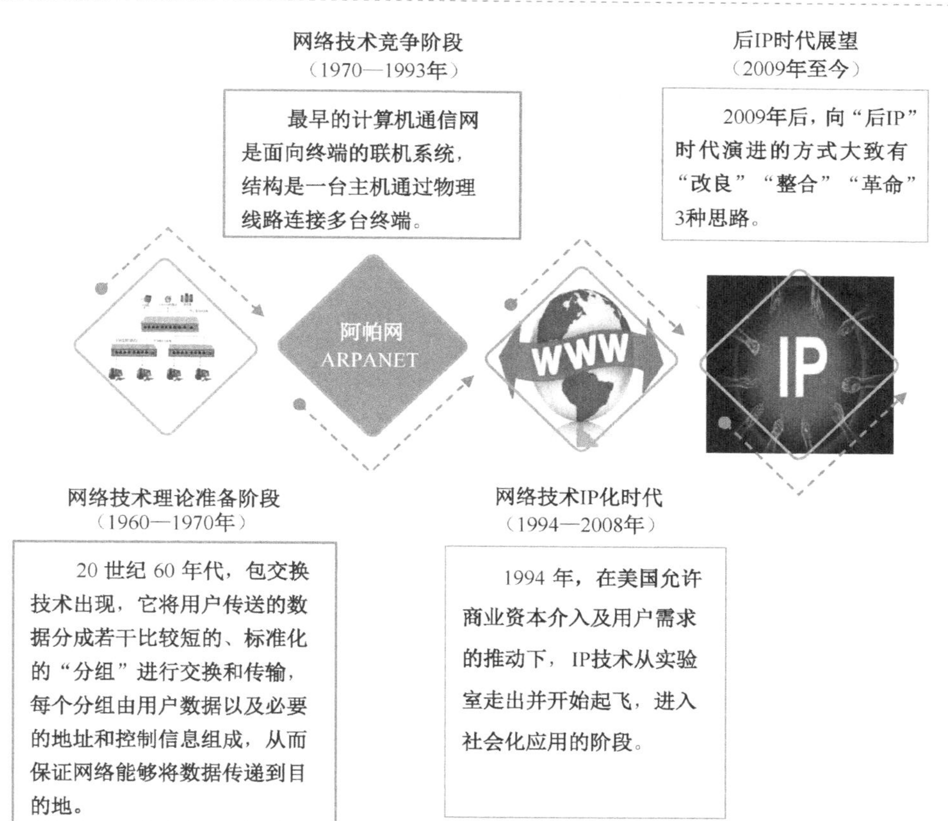

图 2-3　网络技术发展历程

3. 因特网

因特网（Internet）始于 1969 年美国的阿帕网（ARPANET）。这种将计算机网络互相联接在一起，网络与网络之间以一组通用的协议连成的庞大网络，形成逻辑上的单一且巨大的全球化网络。

因特网主要包含以下主要功能。

（1）数据通信

作为互联网最基本的功能，数据通信用来传送各种类型的信息，包括文字信件、新闻消息、资讯信息、图片资料、声音、视频等各种多媒体信息。

（2）资源共享

资源是指网络中所有的软件、硬件和数据，共享则是指网络中的用户能够部分或者全部地享受这些资源。如一些外部设备（网络打印机等）可使一些没有这些设备的用户也能使用。资源共享提高了资源的利用率，解决了资源在地理位置上的约束。

（3）分布处理

分布处理能够将需要处理的任务分散到互联网中的各个计算机上运行，而不是集中在一台大型计算机上。这样，不仅可以降低软件设计的复杂性，还可以提高工作效率，降低成本。

（4）集中管理

对地理位置分散的组织和部门，可通过计算机网络来实现集中管理，如数据库情报检索系统、交通运输部门的订票系统、军事指挥系统等。

（5）均衡负荷

当一台计算机出现故障或者负荷太重时，可立即由网络中的另一台计算机来代替其完成所承担的任务。同样，当网络的一条链路出了故障时，可选择其他通信链路进行连接。

说一说：移动互联网（MI）

移动互联网通俗地讲就是将移动通信和互联网二者结合起来形成一体化的通信技术。移动互联网（Mobile Internet，MI）是一种通过智能移动终端，采用移动无线通信方式获取业务和服务的新兴业务，包含终端、软件和应用三个层面。终端层包括智能手机、平板电脑、电子书、MID 等；软件包括操作系统、中间件、数据库和安全软件等；应用层包括休闲娱乐类、工具媒体类、商务财经类等不同应用与服务。

随着宽带无线介入技术和移动端技术的飞速发展，越来越多的人们热衷于手机移动端、WiFi。移动互联网是一个全国性的、以宽带 IP 为技术核心的，可同时提供语音、传真、数据、图像、多媒体等高品质电信服务的新一代开放的电信基础网络，是国家信息化建设的重要组成部分。

4. 网络体系结构

层次结构是描述体系的基本方法，其特点是每层都建立在前一层基础上，低层为高层提供服务。这种结构的优点是降低设计复杂性、便于维护、提高运行效率，网络设计一般都采用层次结构。

以同学们接触比较多的快递为例，顾客在电商平台下单购买商品后，商家要进行货物配送，通过物流部门最终将货物送到顾客手中，如图 2-4 所示。体系结构是抽象的，而实现则是具体的，是真正在运行的计算机硬件和软件。

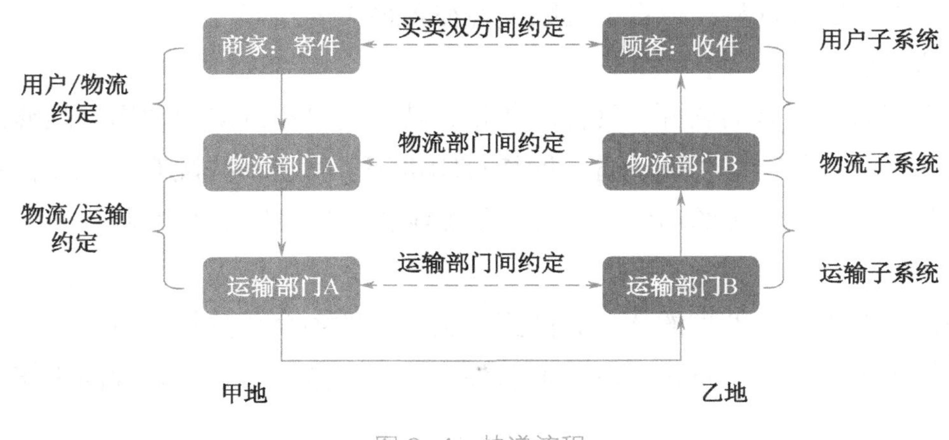

图 2-4　快递流程

一个完整的计算机网络需要有一套复杂的协议集合，组织复杂的计算机网络协议的最好方式就是层次模型。因此将计算机网络层次模型和各层协议的集合定义为计算机网络体系结构（Computer Network Architecture）。

在实际应用中有两种典型的分层模型：

（1）OSI/RM（Open System Interconnection/Reference Mode）开放系统互联参考模型，如图 2-5 所示，它是由 7 层模型组成的，是国际标准。

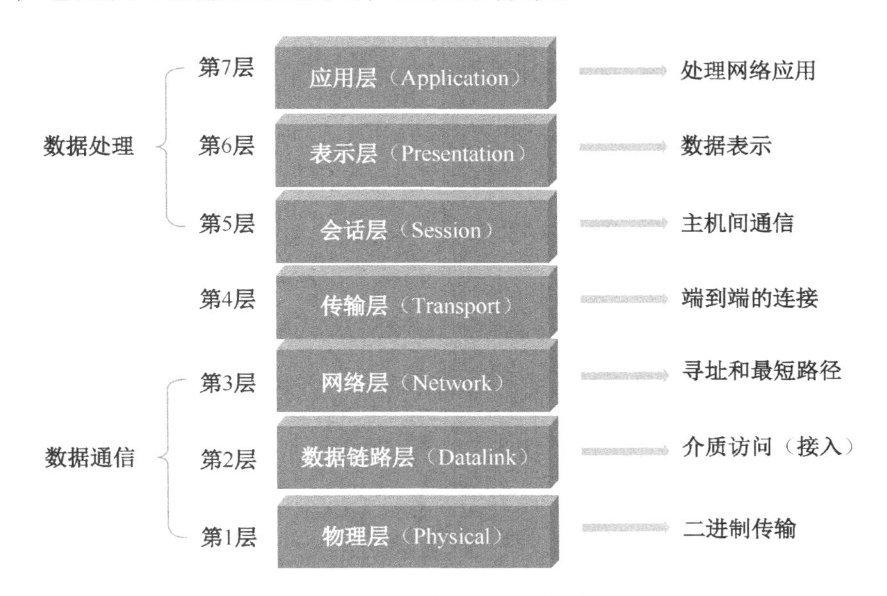

图 2-5　OSI 7 层模型

（2）TCP/IP 参考模型，如图 2-6 所示，它是由 4 层模型组成的，是非国际标准，现在得到了广泛的应用。

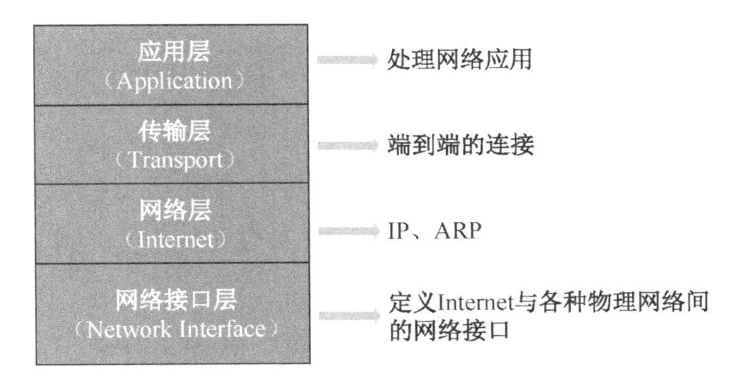

图 2-6　TCP/IP 参考模型

5. 认知网络协议

网络协议是指计算机网络中实体之间有关通信规则约定的集合，为完全不同的系统提供共同的用于通信的环境。没有协议，网络通信是不可能存在的。在我们日常工作、生活中，常用到的网络协议就是 TCP/IP。

TCP/IP（Transmission Control Protocol/Internet Protocol）传输控制协议/网际协议是指能够在多个不同网络间实现信息传输的协议簇。TCP/IP 不仅指的是 TCP 和 IP 两个协议，而是指一个由 FTP、SMTP、TCP、UDP、IP 等构成的协议簇，只是因为在 TCP/IP 中 TCP 和 IP 最具代表性，所以被称为 TCP/IP。

网络协议具备以下三个要素。

语义（Semantics）："讲什么"，控制信息内容，需要做出的动作及响应；

语法（Syntax）："怎么讲"，数据与控制信息的格式、数据编码等；

时序（Timing）："序速控"，事件先后顺序和速度匹配。

怎么理解这三个要素呢？我们看下面打电话的例子。

甲要打电话给乙，首先甲拨通乙的电话号码，对方的电话出现振铃，乙拿起电话，然后甲、乙开始通话，通话完毕后，双方挂断电话。

在这个过程中，甲、乙双方都遵守了打电话的协议。其中，电话号码就是"语法"的一个例子，一般电话号码由五到八位阿拉伯数字组成，如果是长途要加拨区号，国际长途还要加拨国家代码等。

甲拨通乙的电话后，乙的电话出现振铃，振铃是一个信号，表示有电话打进来，乙拿起电话并讲话。这一系列的动作包括控制信号、响应动作、讲话内容等，这就是"语义"的一个例子。

"时序"的概念更好理解，因为甲拨了电话，乙的电话才会响，乙听到铃声后才会考虑要不要接电话。

实现数据通信的基础是 IP 地址。IP 地址（Internet Protocol Address）是指互联网协议地址，又译为网际协议地址。IP 地址是 IP 提供的一种统一的地址格式，它为互联网上的每个网络和每台主机分配一个逻辑地址，以此来屏蔽物理地址的差异。

接入计算机网络的信息设备都需要一个 IP 地址，按照互联网协议版本的不同，分为 IPv4 和 IPv6 两种。IPv4 地址由 4 个 8 位二进制数（对应十进制为 0 至 255）组成 32 位二进制数，并用点分十进制表示。如果当前的主机 IP 地址为 192.168.100.1，用 32 位二进制数表示为 11000000 10101000 00000100 00000001。

IPv4 可以提供 2^{32} 个主机和设备，随着因特网中主机和设备数量的急剧增加，出现地址不够用的情况，IPv6 将原来的 32 位地址空间增大到 128 位，可以提供 2^{128} 个网络地址，在可预见的将来是不会耗尽的。

目前，计算机的 IP 地址设置多采用"自动获取"形式。避免了之前计算机设置固定 IP 地址的麻烦。

试一试

为 Windows 操作系统设置 IP 地址（以 Windows 10 为例）。

步骤 1：单击（或按键盘上的 Windows 键）打开屏幕左下角的"开始"菜单，单击"开始"菜单中的"设置"，如图 2-7 所示。

步骤 2：在“Windows 设置”窗口中，单击“网络和 Internet”，如图 2–8 所示。

步骤 3：在“网络和 Internet”窗口中，单击“以太网”，如图 2–9 所示。

图 2–7　开始菜单　　图 2–8　“Windows 设置”窗口　　图 2–9　“网络和 Internet”窗口

步骤 4：在“以太网”窗口中，单击需要设置 IP 地址的网卡，如图 2–10 所示。

步骤 5：查看当前的以太网卡的 IP 设置，IP 分配方式为自动（DHCP），单击“编辑”按钮进行修改，如图 2–11 所示。

步骤 6：在“编辑 IP 设置”窗口中，调整下拉菜单中的设置为“手动”，如图 2–12 所示。

图 2–10　“以太网”窗口　　图 2–11　查看 IP 设置　　图 2–12　“编辑 IP 设置”窗口

步骤 7：将“编辑 IP 设置”窗口中的 IPv4 开关打开，设置网络参数，然后单击“保存”按钮，如图 2–13 所示。

步骤 8：返回“以太网”窗口，查看 IP 设置，已经调整成手动分配，并且网络参数已经设置完成，操作结束，如图 2–14 所示。

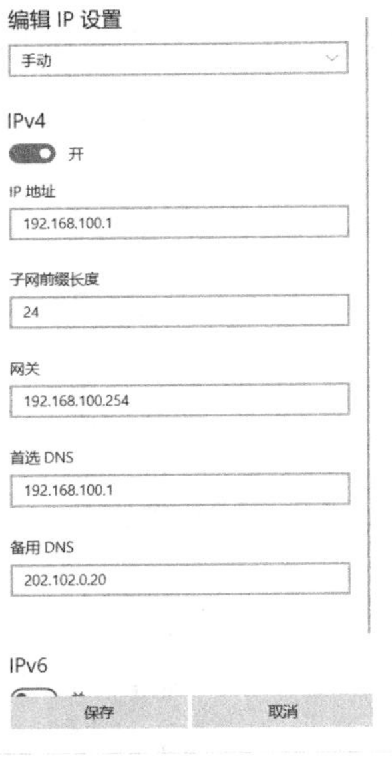

编辑 IP 设置
手动
IPv4
开
IP 地址
192.168.100.1
子网前缀长度
24
网关
192.168.100.254
首选 DNS
192.168.100.1
备用 DNS
202.102.0.20
IPv6
保存 取消

图 2-13 配置 IPv4 网络参数

设置
以太网
设为按流量计费的连接
关
如果设置流量上限，Windows 将为你进行按流量计费的连接设置，帮助你不超过上限。
设置流量上限，以帮助控制在此网络上的数据使用量
IP 设置
IP 分配: 手动
IPv4 地址: 192.168.100.1
IPv4 子网前缀长度: 24
IPv4 网关: 192.168.100.254
IPv4 DNS 服务器: 192.168.100.1
202.106.0.20
编辑

图 2-14 查看以太网 IP 设置情况

2.1.2 感受互联网

现代社会是一个对互联网高度依赖的社会，工作、生活中的各个方面几乎都已经离不开网络。人们的思想、方法、技术等生活和工作中的所有方面唯有与时俱进才能跟上日新月异的社会步伐。随着互联网对生产、生活的影响，网络文化已经逐步形成。

1. 网络文化

网络文化是以网络信息技术为基础、在网络空间形成的文化活动、文化方式、文化产品、文化观念的集合。网络文化是现实社会文化的延伸和多样化的展现，同时也形成了其自身独特的文化行为特征、文化产品特色、价值观念和思维方式的特点。

广义的网络文化是人类传统文化、传统道德的延伸和多样化的展现。狭义的网络文化是指建立在计算机技术和信息网络技术以及网络经济基础上的精神创造活动及其成果，是人们在互联网这个特殊世界中，进行工作、学习、交往、沟通、休闲、娱乐等所形成的活动方式，及其所反映的价值观念和社会心态等方面的总称。

2. 网络文化特征

网络已经成为普通大众的另一个活动空间，成为重要的信息来源之一，其作用和渗透能力还将不断扩大。网络文化逐渐出现了以下三个特征：补偿性、极端性、大众性，如图 2-15 所示。

3. 网络社会

“互联网+”简单地说就是“互联网+传统行业”，随着科学技术的发展，互联网与传统行业进行融合，利用互联网具备的优势特点，创造新的发展机会。互联网促使个人生活方

式转变、工作方式转变、学习方式转变，同时促使企业的管理方式转变、营销方式转变。

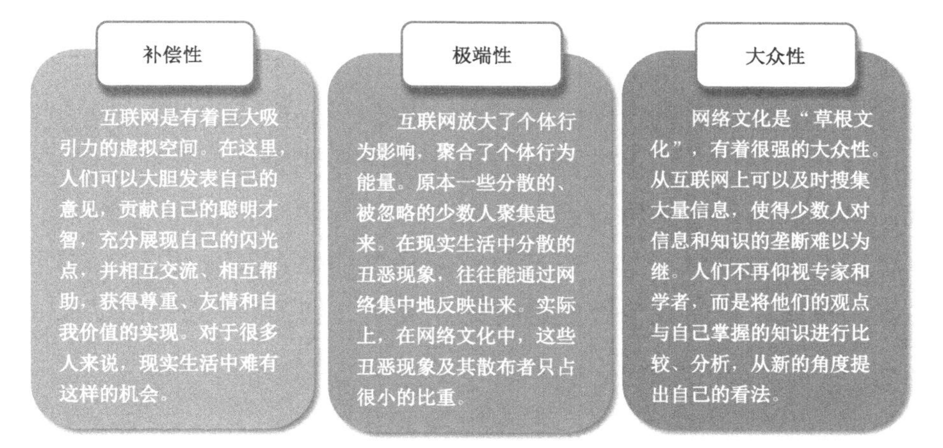

图 2–15　网络文化特征

（1）个人层面

①生活方式转变

在购物方式上，利用各种购物平台可以十分便捷地找到网店，并通过相关软件与网店进行交流和交易。多种多样的网购形式，使喜欢的商品速度更快、支付更便捷、送货更快，节约了购物成本（图 2-16）。在休闲娱乐方式上，可以在线观看电影、电视或听音乐等。在社交方式上，与亲人和朋友通过微信、微博等社交工具沟通感情。

②工作方式转变

办公自动化，利用网络实现无纸化办公，在同一个桌面环境下实现内部交流和反馈，提高工作效率。利用网络实现线上多人协作办公，突破了环境对工作的限制，如图 2-17 所示。

图 2–16　网购与网络支付

图 2–17　线上办公

③学习方式转变

利用网络学习更加方便，随时随地都可以上网查阅需要学习的知识。在网上看新闻更方便，不受时间限制，足不出户就可以了解世界大事。线上学习可以报名实现远程教育，观看名校名师的公开课。远程学习变得更方便，增进师生互动，适时检测学习效果，巩固所学内容，如图 2-18 所示。

（2）企业层面

①管理方式转变

在信息化时代，企业管理更趋于体现民主、平等、公正、法治等社会主义核心价值观，用职业忠诚化代替企业忠诚化，用互动式管理代替命令式管理。在管理的形式上，管理者可以通过报纸、电视、微信等多种渠道表达观点，引导协调企业的生产经营和改革发展方向；管理者可以利用现代信息工具，打造自己的秘书团队和智囊团队，利用多种媒体掌握专业领域的知识和技能，方便、快捷地进行民主决策，如图 2-19 所示。

图 2-18　网络学习

图 2-19　自动化生产管理

②营销模式转变

电子商务成为融计算机、市场营销、管理学、经济学、法学和现代物流于一体的新型专业学科，这是近年来在市场经济中发展起来的一套完整的网络商务经营和管理信息系统，如图 2-20 所示。

图 2-20　网络产品销售

说一说：网络流行语讨论

“低头族”是一个网络流行语，是指如今无论何时何地都做“低头看屏幕”状，想通过盯住屏幕的方式把零碎的时间填满的人。你是如何看待“低头族”的呢？

2.1.3 网络行为习惯

互联网的快速发展和广泛应用，既方便了人们的日常工作及生活，也导致了“网上社会”的发育和建构。在这一“新的场域”之中，人们一方面可以充分享用互联网带来的各种便利；另一方面，形形色色的网络行为失范（如网络暴力、色情、赌博、诈骗等），又不可避免地在其中滋生出来，给社会生活带来极大的危害。

网络文明建设，就是倡导文明上网，做文明公民，倡导诚信守法经营，办文明网站。倡导理性自律，倡导文明表达，创建文明环境，做文明网民。培养网络文明新风，营造文明健康、积极向上的网络文化氛围。

1. 抵制不良网络行为

（1）不泄露党和国家的机密，不传播有损国格、人格的信息。

（2）不在网络上从事违法犯罪活动，不制造、查阅、复制和传播有碍社会治安和社会公德、有伤社会风化的信息。

（3）不发布任何诋毁国家、政府、党的言论，不发表任何有碍社会稳定、国家统一和民族统一的言论。

（4）不擅自复制和使用网络上未公开和未授权的文件。

（5）网络上所有资源的使用，应遵守知识产权的有关法律法规。

（6）不利用网络盗窃别人的研究成果和受法律保护的资源。

（7）不在网络中擅自传播和复制享有版权的软件，不销售免费共享的软件。

（8）不使用软件或硬件的方法窃取他人口令非法入侵他人计算机，阅读他人文件和电子邮件，不滥用网络资源。

（9）不制造和传播计算机病毒等破坏性程序。

（10）不破坏数据，不破坏网络资源，不搞任何恶作剧。

（11）不在网络上接受和散布封建迷信、淫秽、色情、赌博、暴力、凶杀、恐怖等有害信息。

（12）不浏览色情、暴力、反动网站。

（13）不捏造和歪曲事实，散布谣言，诽谤他人，不发布扰乱社会秩序的不良信息。

2. 养成良好的网络行为习惯

（1）要善于网上学习，不浏览不良信息。

（2）要诚信友好交流，不侮辱欺骗他人。

（3）要增强自护意识，不随意约会。

（4）要维护网络安全，不破坏网络秩序。

（5）要有益身心健康，不沉迷虚拟时空。

小明学习了网络行为方面的规范，决定不仅要自己文明上网，规范网络行为，还要宣传带动身边的亲人、朋友也要文明上网，为营造文明健康、积极向上的网络文化氛围而奉献自己的力量。

学习检验

张工问："小明，学得怎么样？"

小明回答："张工好！感谢您提供的资料，我已经学完了，有很多收获。"

张工拿出一张表，对小明说："好啊，那我来考考你。"

该表为本任务的完成情况评价表（见表 2-1），请你根据实际情况填写此表。

表 2–1　完成情况评价表

任务要求	很好	好	不够好
能描述网络文化的特征			
能说出网络技术发展的 4 个阶段			
能说出互联网给日常生活带来的变化			
能说出 TCP/IP 的设置步骤			
能描述正确的网络行为习惯			

学习小结

测试完成了。

张工说："小明，我发现你很聪明，已经初步掌握自主学习的方法了，很棒！"

小明说："谢谢张工！您过奖了。是您的耐心指导给了我坚持学习的动力。我把学习收获跟您说一下吧。"

张工说："好啊。"

表 2-2 是小明设计的学习总结表，请你根据自己的实际情况来填写。

表 2–2　学习总结表

主要学习内容	学习方法	学习心得	待解决的问题
整体总结：			

拓展学习

一、域名系统（DNS）

在本任务的学习中，同学们知道了使用点分十进制法方便地使用 IP 地址，但是我们依然很难将每天登录的网站和网络服务地址用数字的方式记忆下来。使用域名系统（Domain Name System），可以利用域名和 IP 地址相互映射的关系，更加方便地访问互联网。

1. 域名的分配和管理

域名由因特网域名与地址管理机构（ICANN）统一管理，该机构为不同国家或地区设置了相应的顶级域名，由两个英文字母组成，中国的顶级域名为.cn。我国的域名由中国互联网信息中心（CNNIC）进行管理。除了代表国家的顶级域名，ICANN 还定义了 7 个顶级域名（见表 2-3）。

表 2-3　顶级域名用途表

顶级域名	用途	顶级域名	用途
.com 和.top	企业	.org	非营利性机构
.edu	教育机构	.gov	政府机构
.mil	军事部门	.net	互联网及信息中心

2. 域名的结构

域名是由当前结点到根的所有结点的标记连接而成的，中间以点分隔。顶级域名的下一级，就是二级域名。例如，域名注册人在以.com 结尾的顶级域名中，需要提供一个二级域名。域名形式可以是 a.b.com，这种情况下，a 称为主机名或者分域名。

我们以 sports.sina.com.cn.域名为例，域名最后的点叫根，通常可以忽略不输入，顶级域名为 cn（代表中国），二级域名为 com（代表公司），三级域名为 sina（代表新浪），四级域名为 sports（代表体育），这几级域名组成了新浪体育主页的网站域名。

试一试：使用命令了解 DNS 服务

步骤 1：在 Windows 10 操作系统中，右击屏幕左下角的“开始”菜单，如图 2-21 所示。

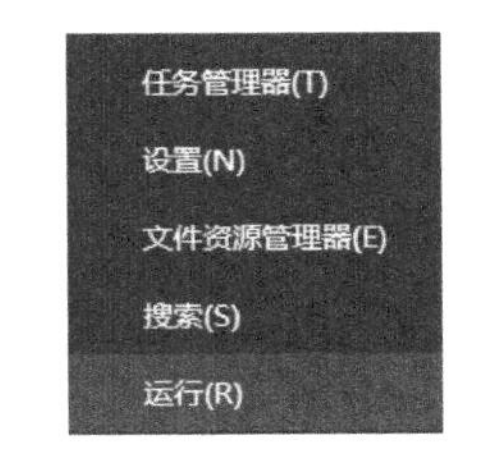

图 2-21　右击“开始”菜单

步骤 2：单击菜单中的“运行”（或按“Ctrl+R”组合键快速启动该功能），在“运行”窗口中输入“cmd”，单击“确定”按钮，如图 2-22 所示，进入命令提示符窗口。

步骤 3：在命令提示符窗口中，输入：Ping www.phei.com.cn，按“Enter”键，验证与百度的连通性，注意命令的返回结果是 IP 地址为 110.242.68.3 的相关信息，如图 2-23 所示。

运行

Windows 将根据你所输入的名称，为你打开相应的程序、文件夹、文档或 Internet 资源。

打开(O): cmd

确定　取消　浏览(B)...

图 2-22　“运行”窗口

```
C:\>ping www.phei.com.cn

正在 Ping www.a.shifen.com [110.242.68.3] 具有 32 字节的数据:
来自 110.242.68.3 的回复: 字节=32 时间=17ms TTL=53
来自 110.242.68.3 的回复: 字节=32 时间=15ms TTL=53
来自 110.242.68.3 的回复: 字节=32 时间=25ms TTL=53
来自 110.242.68.3 的回复: 字节=32 时间=26ms TTL=53

110.242.68.3 的 Ping 统计信息:
    数据包: 已发送 = 4, 已接收 = 4, 丢失 = 0 (0% 丢失),
往返行程的估计时间(以毫秒为单位):
    最短 = 15ms, 最长 = 26ms, 平均 = 20ms

C:\>
```

图 2-23　使用 Ping 命令验证连通性

二、万维网服务（WWW）

万维网（World Wide Web），也称为 Web、3W 等，是存储在因特网计算机中数量巨大的文档的集合。这些文档称为页面，它是一种超文本（Hypertext）信息，Web 上的信息是由彼此关联的文档组成的，而使其连接在一起的是超链接（Hyperlink）。

1. 探究万维网原理流程

同学们，当我们每天登录网页，看到内容丰富的页面的时候，到底经历了哪些流程呢？让我们一起来探究吧。

（1）通过浏览器，输入访问网页的统一资源定位符（Uniform Resource Locator，URL）或者通过超链接、二维码等方式链接到网页或者网络资源；

（2）域名系统通过分布于全球的因特网数据库解析域名，根据解析结果决定进入哪一个 IP 地址的网页或者网络资源；

（3）域名系统向网页所在的服务器发送访问请求，在通常情况下，HTML 文本、图片和构成该网页的一切文件很快会被逐一请求并发送回用户；

（4）网络浏览器会把 HTML、CSS 和其他接收到的文件所描述的内容，加上图像、链接和其他必需的资源，显示给用户。

2. 协议端口

如果把 IP 地址、域名比喻成一座建筑物，端口就是出入这个建筑物的门。真正的房门可能只有几个，但是端口可以有 2^{16}，即 65536 个。端口通过端口号来进行标记，端口号范围从 0 至 35535。

操作系统会给那些有需求的进程分配协议端口（Protocol Port），每个协议端口由一个正整数标识，如 WWW 服务的默认端口号是 80，DNS 服务的默认端口号是 53。我们可以在域名后，通过输入“:端口号”的方式，访问指定端口的内容。

说一说：查看网页的源代码并观察超文本

使用 Windows 10 操作系统自带的 Microsoft Edge 浏览器，打开百度搜索主页，按键盘上的 F12 键，打开网页的源代码，观察超文本内容，将代码结构分享给其他同学。

学习检测

1. 下列不属于计算机网络功能的是（　　）。

   A. 数据通信　　B. 资源共享　　C. 信息安全　　D. 分布处理

2. OSI 参考模型第 1 层是（　　）。

   A. 物理层　　B. 传输层　　C. 应用层　　D. 网络层

3. 以下属于网络协议要素的是（　　）。

   A. 语义　　B. 语境　　C. 方向　　D. 语法

4．以下不属于网络技术研究内容的是（　　）。

A．安全　　B．可靠　　C．高效地传递　　D．时效

5．以下对网络行为习惯表述错误的是（　　）。

A．要善于网上学习，不浏览不良信息　　B．要诚信友好交流，不侮辱欺骗他人

C．要增强自我防护意识，不随意约会　　D．要有益身心健康，可以沉迷虚拟时空

任务2.2 配置网络

当小新科技服务公司的信息设备首次连接网络时，需要收集信息设备资料，配置并测试网络，才能保障网络的正常运行。

通过“配置网络”的学习，能了解常见网络设备的类型和功能；能掌握常见网络设备的使用方法，能进行网络连接并配置网络系统；能判断和排除简单的网络故障。

任务情境

小明深吸一口气，说：“谢谢张工！我已把网络的概念弄明白了，下面我们是不是可以开始配置网络了？”

张工回答：“小伙子，不能着急，我们只有把公司信息设备的情况都了解清楚了，配置网络的时候才能得心应手啊！”

小明点点头，说：“有道理，我正想去了解一下公司的那些设备情况，特别是那些物联网设备，我已经非常期待了。”

张工说：“没错，我们一起来干吧，不过要做好面对困难的准备。”

小明说：“没问题，您放心吧。”

学习目标

1．知识目标

（1）能描述计算机网卡、交换机、路由器、防火墙的功能和作用。

（2）能叙述配置网络的方法与步骤。

（3）能阐述测试网络和排除网络故障的流程和注意事项。

2．能力目标

（1）能使用网络设备配置网络。

（2）能测试网络并分析网络出现故障的原因。

3．素养目标

（1）能根据任务需求，寻求恰当方式获取、分析相关信息，并与团队合作解决问题。

（2）逐步培养学生能综合运用数字化学习资源与工具，通过小组协作完成学习任务。

活动要求

借助学习资料，通过小组探究式学习与实践操作，完成网络配置任务。

任务分析

通过与张工的交流，小明决定将配置网络任务按照下面的内容进行拆分：

（1）认识网络设备，收集公司网络设备的配置信息，规划网络地址。

（2）认识物联网设备，了解公司物联网设备的配置。

（3）连接并配置公司网络。

（4）测试公司网络，排除网络故障。

小明用思维导图的方式对任务进行分析，如图 2-24 所示。

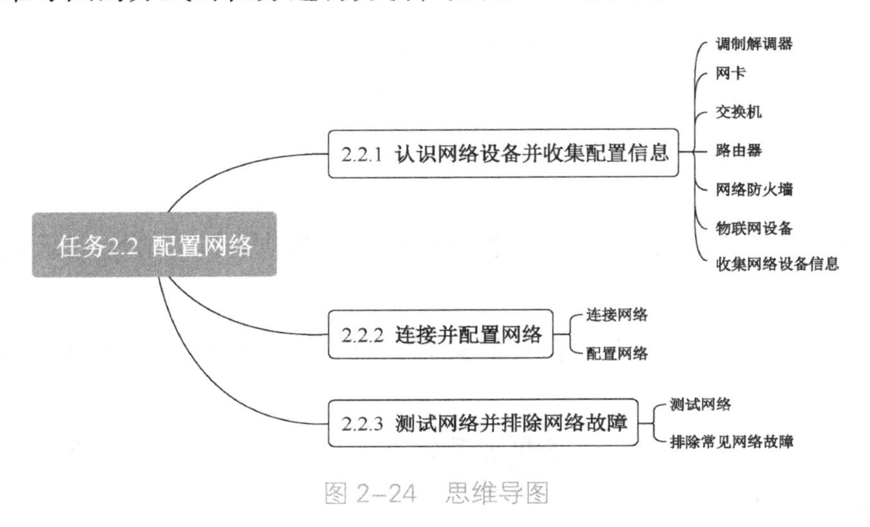

图 2-24 思维导图

任务实施

2.2.1 认识网络设备并收集配置信息

网络设备及其部件是连接到网络中的物理实体。网络设备的种类随着计算机网络的发展与日俱增。常见的网络设备包括计算机（个人电脑或服务器）、调制解调器、网卡、交换机、路由器、防火墙等。

1. 调制解调器

调制解调器（Modem，昵称“猫”），是调制器和解调器的缩写，是物理层网络设备。它的作用是将计算机的数字信号与电话线可以传送的模拟信号进行相互转换。数字信号转换成模拟信号的过程，称为调制，反之称为解调。传统的电话线调制解调器如图 2-25 所示。

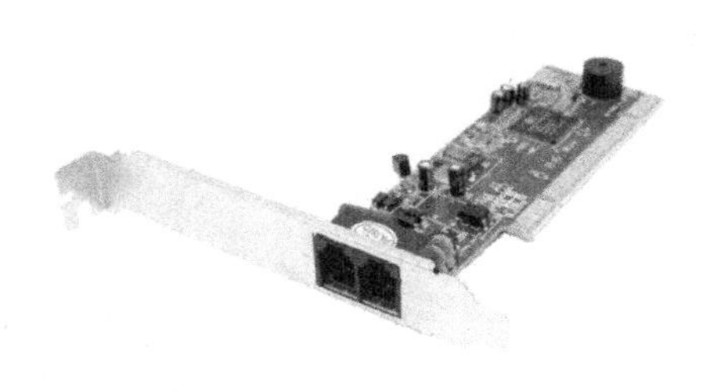

图 2-25 传统的电话线调制解调器

随着网络速度的不断提升，在家庭宽带网络环境中，已经广泛使用光调制解调器（Optical Modem，也称为光猫）的网络设备，实现数字信号与光信号相互转换，如图 2-26 所示。光调制解调器的背面接口包括电源开关、电源接口、复位（Reset）、GPON 光纤接口（用于连接入户光纤）和 LAN 网络接口（用于连接无线路由器等网络设备）。

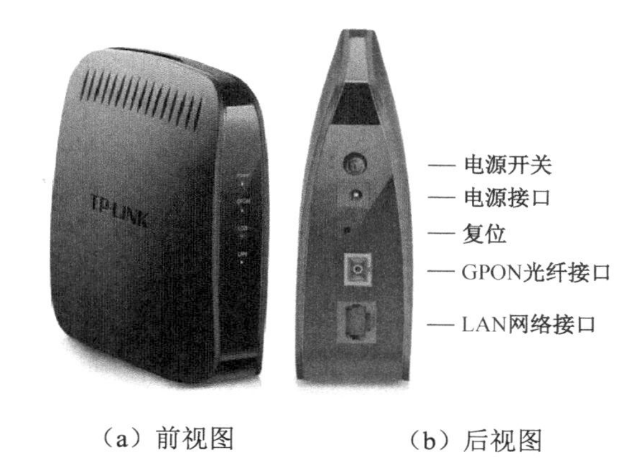

图 2-26 光调制解调器

2. 网卡

网络适配器（Network Adapter），又称网卡，是一块被设计用来允许在计算机网络上进行通信的网络设备，属于数据链路层设备。每块网卡都有一个唯一的由 48 位串行号组成的物理地址（Physical Address，也称为 MAC 地址）。

网卡按安装接口分类，可以分为 PCI 接口、PCI-E 接口、USB 接口等。按照网卡类型分类，可以分为有线网卡和无线网卡两种。

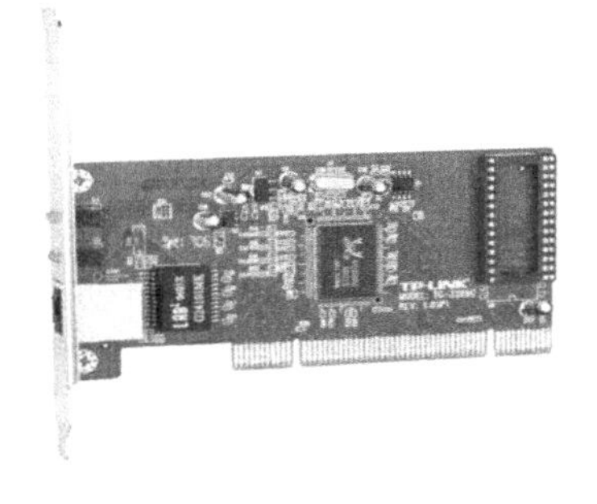
图 2-27 PCI 接口有线网卡

（1）PCI 接口有线网卡：在台式计算机有线网卡接口不够用的情况下，可以加装 PCI 接口有线网卡，如图 2-27 所示。

（2）PCI-E 接口无线网卡：如果台式计算机与无线路由器距离较远，可以加装 PCI-E 接口无线网卡，使台式计算机能连接无线网络，如图 2-28 所示。与有线网卡不同的是，无线网卡背板连接天线，作为发射端搜索并连接无线信号。

（3）Type-C 接口转接有线网卡：当前部分便携式计算机已经不配备有线网卡接口，可以通过转接卡的方式进行转换。目前市场上比较普遍的是加装 Type-C 接口或 USB 接口转接有线网卡，如图 2-29 所示。

图 2-28 PCI-E 接口无线网卡

图 2-29 Type-C 接口转接有线网卡

找一找：查看网卡的 MAC 地址

1. 在网络设备上查看 MAC 地址

作为网卡的物理地址，我们能够在硬件设备的贴纸上找到 MAC 地址，如图 2–30 所示。在移动端（如智能手机、平板电脑）的设置中，也可以查找到网卡的 MAC 地址，如图 2–31 所示。

图 2–30　网卡背部贴纸

图 2–31　移动端网卡的 MAC 地址

2. 在 Windows 10 操作系统中查看 MAC 地址

【方法 1】通过“网络和 Internet 设置”查看 MAC 地址

步骤 1：单击屏幕左下角的“开始”菜单，单击“设置”进入“Windows 设置”窗口，在窗口中找到“网络和 Internet”，如图 2–32 所示。

图 2–32　“Windows 设置”窗口

步骤 2：进入“网络和 Internet”设置后，单击窗口左侧的“以太网”菜单，如图 2–33 所示。

步骤 3：单击需要查看 MAC 地址的网卡，如图 2–34 所示。

图 2–33 “以太网”菜单　　图 2–34 查看物理地址（MAC）

【方法 2】通过命令提示符查看 MAC 地址

步骤 1：右击屏幕左下角的“开始”菜单，单击“运行”（或使用“Ctrl+R”快捷键），打开“运行”窗口。

步骤 2：在文本框中输入“cmd”，单击“确定”按钮，启动命令提示符，如图 2–35 所示。

步骤 3：使用 ipconfig /all 命令显示当前网卡的所有信息，其中包括物理地址（MAC），如图 2–36 所示。

图 2–35 “运行”窗口　　图 2–36 使用 ipconfig 命令查看物理地址

3. 交换机

交换机（Switch）是一种用于电（光）信号转发的网络设备。它可以为接入交换机的任意两个网络结点提供独享的电信号通路。按照交换机的核心功能进行划分，属于数据链路层设备。

从广义上来看，网络交换机分为广域网交换机和局域网交换机。广域网交换机主要应用于电信领域，提供通信用的基础平台。局域网交换机用于连接网络终端，如计算机、网络打印机等。

按照交换机端口数量划分，常见的交换机端口有 8 口、16 口、24 口和 48 口等，如图 2-37 所示为 24 口千兆交换机。在选择交换机设备的过程中，需要根据企业实际需求并考虑未来接入交换机的网络设备数量，来选择端口数量合适的交换机。当需要连接的网络设备超过当前交换机端口数量时，也可以通过多台交换机级联的方式解决，如图 2-38 所示。

图 2-37　24 口千兆交换机

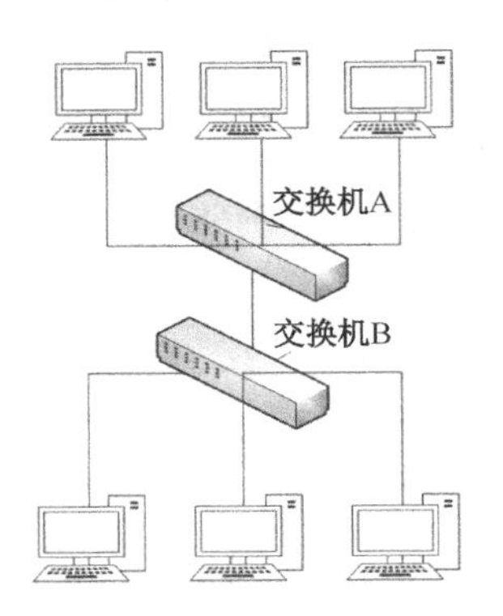

图 2-38　交换机级联图

按照交换机端口速率的不同，又可以分为万兆（10Gbps）、千兆（1Gbps）、百兆（100Mbps）交换机等。

4. 路由器

路由器（Router）在网络之间起到网关的作用，因此又称为网关设备。路由器属于网络层设备，是互联网重要的结点设备。通过路由器，可以把两个不同的网络连接在一起，使得网络设备无论距离远近都能实现相互通信。

路由器可以根据网络的不同类型来理解协议，如因特网使用 TCP/IP，局域网使用以太网协议。路由器的处理速度是网络通信的主要瓶颈之一，它的可靠性则直接影响网络互联的质量。

图 2-39　企业级路由器

路由器按照功能分类，可以分为骨干级、企业级和接入级路由器。骨干级和企业级路由器都是使用在骨干网或者企业网络中的网络设备，对于这两类来说，速度和可靠性是最重要的，如图 2-39 所示。接入级路由器用于连接家庭或小型企业客户使用。

按照输出类型分类，路由器可以分为有线路由器和无线路由器。在小型企业或者家庭中，接入级无线路由器比较常见，如图 2-40 所示。从端口来看，包括电源接口（POWER）、复位按钮（RESET）以及一个 WAN 口（用于连接外网线）和若干 LAN 口（用于连接计算机、网络打印机等设备），如图 2-41 所示，外置天线的无线路由器还有若干根天线。

图 2-40　接入级无线路由器

图 2-41　无线路由器接口图

5. 网络防火墙

网络防火墙（Internet Firewall）是一种用来加强网络之间访问控制的网络互联设备，是介于内部网络和因特网之间的安全屏障。网络防火墙应用于数据链路层至应用层，网络中设备的所有数据流均可以通过防火墙，通过扫描判断，防火墙可以过滤一些已知的攻击，以免在目标计算机上执行。

网络防火墙按照产品类型进行分类，可以分为硬件防火墙和软件防火墙两种。硬件防火墙是指把防火墙程序做到芯片里面，由硬件执行功能，减少计算机 CPU 的负担，使路由更加稳定，如图 2-42 所示。硬件防火墙作为保障内部网络安全的一道重要屏障，它的安全和稳定，直接关系到整个内部网络的安全。

软件防火墙指的是一个由软件和硬件设备组合而成，在内部网和外部网之间、专用网和外部网之间、专用网和公共网之间的界面上构造的保护屏障，Windows Defender 防火墙如图 2-43 所示。软件防火墙单独使用软件系统来完成防火墙功能，将软件部署在系统主机上，其安全性较硬件防火墙差，同时占用系统资源，在一定程度上影响系统性能。

图 2-42　硬件防火墙　　　　图 2-43　Windows Defender 防火墙

6. 物联网设备

物联网（Internet of Things，IoT）即“万物相连的互联网”，意指物物相连，万物万联。物联网是在互联网基础上延伸和扩展的网络，将各种信息传感设备与互联网结合起来而形成的一个巨大网络，实现在任何时间、任何地点，人、机、物的互联互通。

物联网在应用领域涉及工业、农业、环境、交通、物流、安保等基础设施领域的应用，有效地推动了这些方面的智能化发展，使有限的资源更加合理地使用和分配。

（1）物联网系统

物联网系统的出现被称为第三次信息革命。该系统通过射频自动识别、红外感应器、全球定位系统、激光扫描仪、图像感知器等信息设备，按约定的协议，把各种物品与互联网连接起来，进行信息交换和通信，以实现智能化识别、定位、跟踪、监控和管理。关于未来物联网系统的布局，如图 2-44 所示。

图 2-44　物联网系统示意图

①智能视频监控系统

智能视频监控系统是采用图像处理、模式识别和计算机视觉技术，通过在监控系统中增加智能视频分析模块，借助计算机强大的数据处理能力过滤掉视频画面中无用或干扰信息，自动识别不同物体，分析抽取视频源中关键信息，快速准确地定位事故现场，判断监控画面中的异常情况，并以最快和最佳的方式发出警报或触发其他动作，从而有效进行事前预警、事中处理、事后及时取证的全自动、全天候、实时监控的智能系统，如图 2-45 所示。

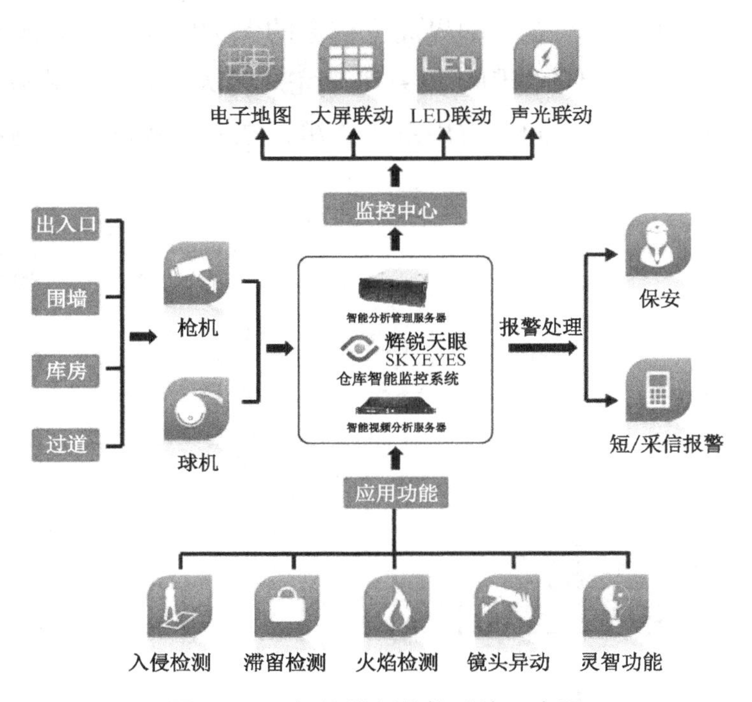

图 2-45　智能视频监控系统示意图

②智能物流系统

智能物流系统是在智能交通系统和相关信息技术的基础上，以电子商务方式运作的现代物流服务体系。它通过智能交通系统和相关信息技术完成物流作业的实时信息采集，并在一个集成的环境下对采集的信息进行分析和处理。通过在各个物流环节中的信息传输，为物流服务提供商和客户提供详尽的信息和咨询服务的系统，如图 2-46 所示。

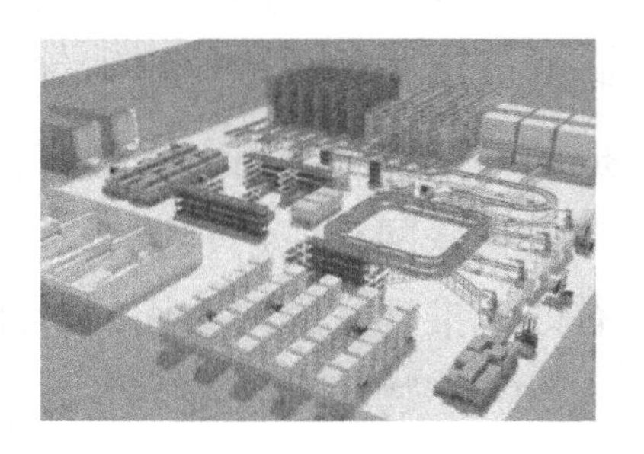

图 2-46　智能物流系统示意图

（2）智慧城市

智慧城市（Smart City）起源于传媒领域，是指利用各种信息技术或创新概念，将城市的系统和服务打通、集成，以提升资源运用的效率，优化城市管理和服务，以及改善市民生活质量。

目前，我国大多数城市都在积极进行智慧城市建设，建设目标是充分利用科技创新，以“智慧”引领城市发展，打造环境生态宜居、产业健康发展、政府行政高效、市民生活幸福的城市。在城市信息化基础上，新一代信息技术已在城市运行的各个领域全面渗透，形成一个全面感知、广泛互联、相互协同的有机网络，如图 2-47 所示。

（3）物联网传感器

人们为了从外界获取信息，必须借助于感觉器官。而单靠人们自身的感觉器官，在研究自然现象和规律以及生产活动中它们的功能就远远不够了。为适应这种情况，就需要物联网传感器。因此可以说，物联网传感器是人类五官的延长，又称为电五官。

物联网传感器早已渗透到如工业生产、智能家居、宇宙开发、海洋探测、环境保护、资源调查、医学诊断、生物工程，甚至文物保护等极其广泛的领域。

在物联网无线传感器领域中，无线中继器是我们平时可以见到的网络设备，如图 2-48 所示。无线中继器即无线 AP（Access Point），相当于有线网络中的交换机，它具备无线信号的发射功能，可以用来加强无线网络的信号强度，从而延长无线网络的使用距离。

图 2-47　智慧城市示意图

图 2-48　无线中继器

（4）射频识别技术

射频识别技术（Radio Frequency Identification，RFID），是自动识别技术中的一种，通过无线射频方式进行非接触双向数据通信，利用无线射频方式对记录媒体（电子标签或射频卡）进行读写，从而达到识别目标和数据交换的目的，其被认为是 21 世纪最具发展潜力的信息技术之一。

RFID 的应用非常广泛，典型应用有动物晶片、汽车晶片防盗器、门禁系统、停车场管理、生产线自动化、物料管理。其中，在公司中比较常见的是门禁系统，如图 2-49 所示。

（5）图像识别技术

图像识别技术（Image Recognition Technology）是物联网识别技术中的重要应用之一。它是指对图像进行对象识别，以识别各种不同模式的目标和对象的技术。比较著名的图像识别技术应用于人脸识别、车牌识别、生物医学图像识别、机器视觉等领域。在日常生活中，车辆进入识别区后，图像识别技术通过判断，在符合放行条件后，设备自动放行车辆，如图 2-50 所示。

图 2-49　RFID 门禁系统

图 2-50　图像识别技术

7. 收集网络设备信息

通过学习网络设备的相关知识，小明收集了设备信息（设备名称、设备型号、网络物理地址等），并根据这些信息，规划了公司网络地址。通过收集公司网络设备的详细信息，为后续连接和配置网络任务做铺垫。网络设备信息表见表 2-4。

表 2-4　网络设备信息表

序号	网络设备名称	设备型号	网卡物理地址	规划地址
1	台式计算机 1	ThinkStation P720	0800275B1FB0	192.168.1.101
	……	……	……	192.168.1.102 至 192.168.1.104
5	台式计算机 5	ThinkStation P720	080027AA3F10	192.168.1.105
6	便携式计算机 1	Thinkpad P15	08002718C238	192.168.1.106
7	便携式计算机 2	Thinkpad P15	080027183A67	192.168.1.107
8	便携式计算机 3	Thinkpad P15	080027F24252	192.168.1.108
9	网络打印机	Lenovo CS3320DN	0800275BA93A	192.168.1.166
10	物联网设备	多个		预留地址 192.168.1.200 至 192.168.1.220
11	无线路由器	TL-WDR8690		192.168.1.1
12	交换机	TL-SG1008D		

2.2.2　连接并配置网络

在上一个任务中，小明认识了该公司的所有网络设备，对现有设备的情况进行了汇总。在本任务中，需要根据公司的网络情况进行设备连接，并配置网络。在实际工作生活中，由于上网方式不同，连接和配置网络的方式也存在一定差异，这就要求同学们基于不同的网络情况完成网络的连接与配置工作。

1. 连接网络

根据公司的网络布局要求和设备情况，小明决定先完成网络设备的连接，然后进行配置。

根据公司网络的特点，上网方式是采用固定 IP 地址的方式与 Internet 进行连接，因此只需要将有线网络设备通过交换机进行连接，然后通过无线路由器与外网接口连接，同时为无线网络设备提供无线信号的方式进行上网即可，如图 2-51 所示。

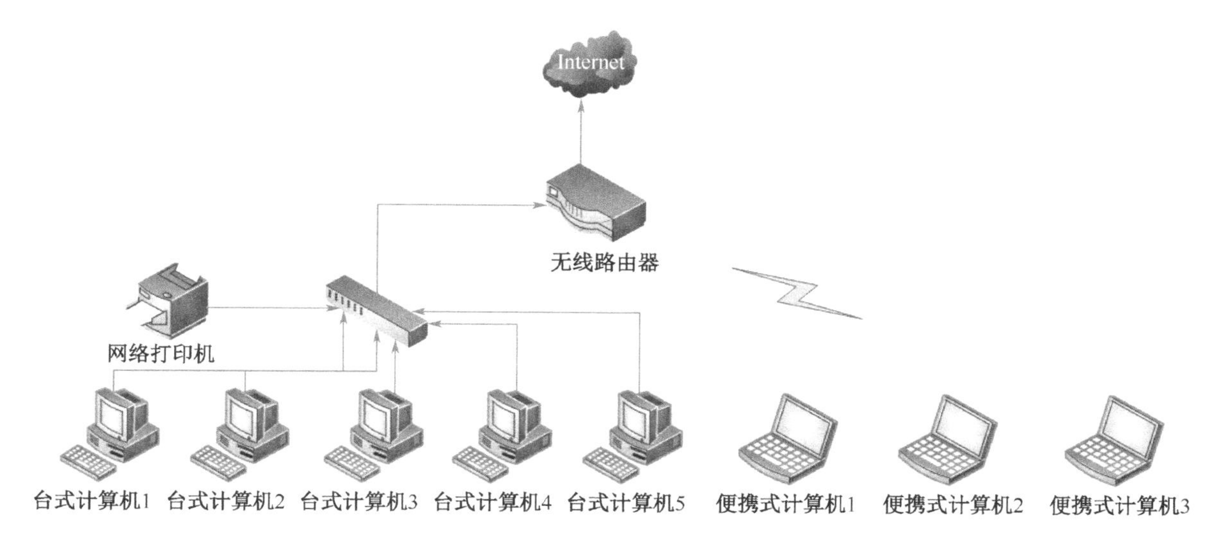

图 2-51　公司网络示意图

（1）连接有线网络设备至交换机（TL-SG1008D）

将 8 口千兆交换机分别与公司的 5 个台式计算机网线接口和 1 个网络打印机接口进行连接。虽然在连接过程中，交换机的 8 个接口没有先后顺序，但是出于对网络管理的规范，选择按照计算机编号的顺序与交换机进行连接，方便后续的网络测试和故障诊断工作，提高工作规范性和效率。

（2）连接交换机至无线路由器（TL-WDR8690）

连接千兆交换机与无线路由器，使用交换机的第 8 个接口与无线路由器的 LAN1 接口进行连接，后续通过对无线路由器的配置，分配台式计算机和网络打印机的网络参数。

（3）连接无线路由器与外网接口

将无线路由器的 WAN 接口与外网接口进行连接，后续通过对无线路由器外网接口的配置，实现公司局域网与 Internet 的连接。

2. 配置网络

小明将公司的网络设备连接完成后，开始着手对网络进行配置。通过分析当前公司的网络现状，小明决定从无线路由器的配置入手，对公司的网络进行安全配置，从而实现所有已知网络设备都能够自动获取网络参数，从而提升各部门员工的工作效率。

下面配置无线路由器的上网功能。

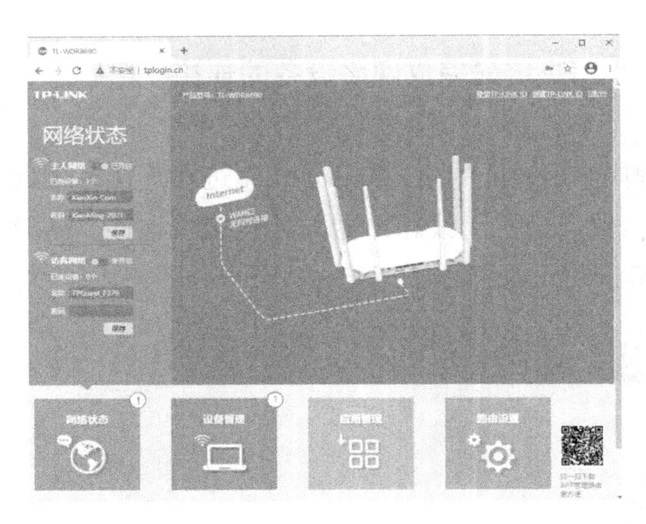

图 2-52　无线路由器管理界面

步骤 1：小明将自己的便携式计算机通过网线连接到无线路由器的LAN2端口上，然后根据公司网络设备信息表，进入无线路由器管理界面（tplogin.cn），输入管理员密码后，开始对无线路由器进行配置，如图 2-52 所示。

在本步骤中，小明也可以通过连接交换机的 7 号端口连接无线路由器，从而进行设置，具体操作方式不在这里赘述。

步骤 2：单击界面下方的“路由设置”按钮，单击界面左侧的“上网设置”，根据公司所在写字楼的网络管理要求，设置“WAN 口连接类型”为“固定 IP 地址”，然后输入所有网络参数，单击“保存”按钮进行保存，观察界面左下方的网络状态，已经由步骤 1 中的叹号变成对勾，说明与 Internet 连接已经配置成功，如图 2-53 所示。

步骤 3：根据公司网络的地址规划，单击界面左侧的“DHCP 服务器”，配置 DHCP 服务器。将地址池开始地址设置为“192.168.1.100”，地址池结束地址设置为“192.168.1.220”，地址租期默认为 120 分钟，网关设置为“192.168.1.254”，首选 DNS 服务器地址设置为“192.168.1.1”，备用 DNS 服务器地址不设置，然后单击“保存”按钮，如图 2-54 所示。

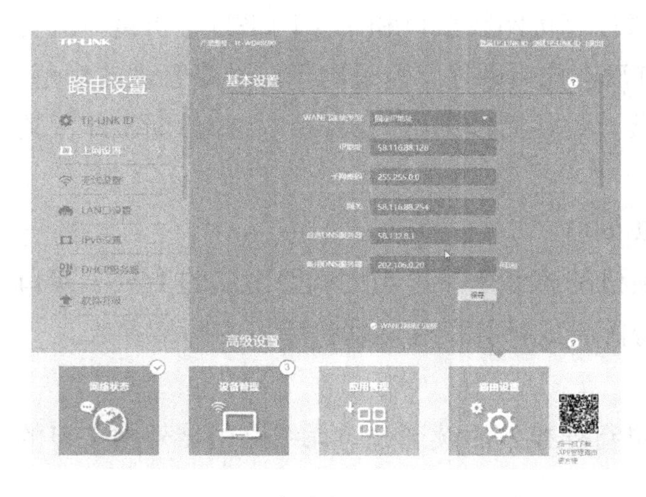

图 2-53　无线路由器上网设置界面

图 2-54　DHCP 服务器配置

步骤 4：单击界面下方的“应用管理”按钮，在界面右侧找到“IP 与 MAC 绑定”应用，单击“进入”按钮，如图 2-55 所示。

步骤 5：在“IP 与 MAC 绑定设置”下方，单击“添加”按钮，将公司网络设备信息表中的设备，按照名称、MAC 地址、IP 地址进行逐一输入，最终将所有已知网络设备地址进行绑定，如图 2-56 所示。

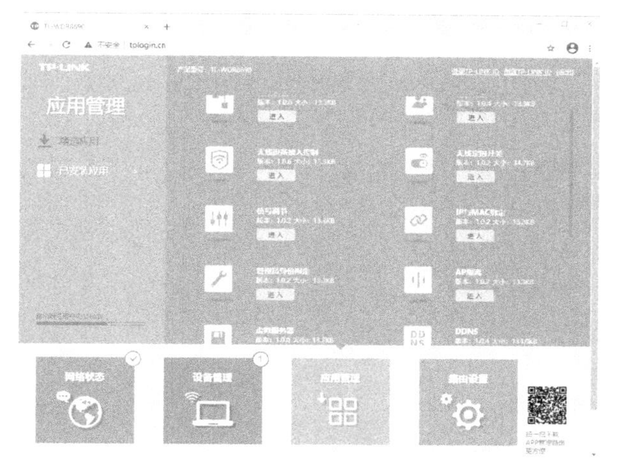

图 2–55 无线路由器应用管理界面

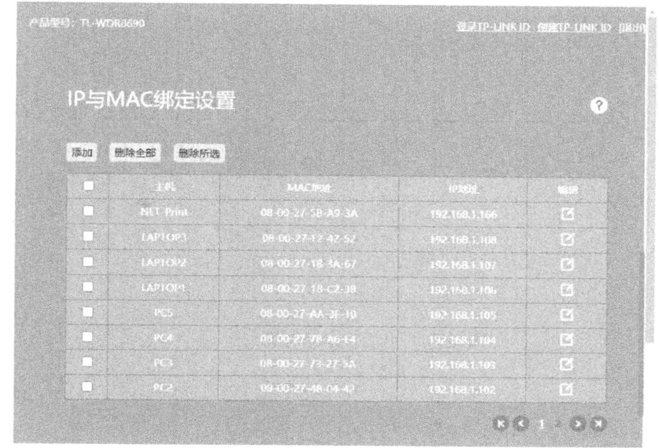

图 2–56 无线路由器 IP 与 MAC 绑定设置

通过上述步骤，已经完成了无线路由器的基本设置，公司的所有已知网络设备都可以上网了。为了进一步提升公司网络的安全性，小明开始设置访客网络。

步骤 6：单击界面下方的“应用管理”按钮，再单击“访客网络”下方的“进入”按钮。设置访客网络状态为“开”，设置“访客网络名称”和“访客网络密码”，如图 2-57 所示。设置“访问内网资源”为“不允许”，根据需要设置“上网速度限制”，并限制开放时间为 4 个小时。全部设置完成后，单击“保存”按钮，如图 2-58 所示。

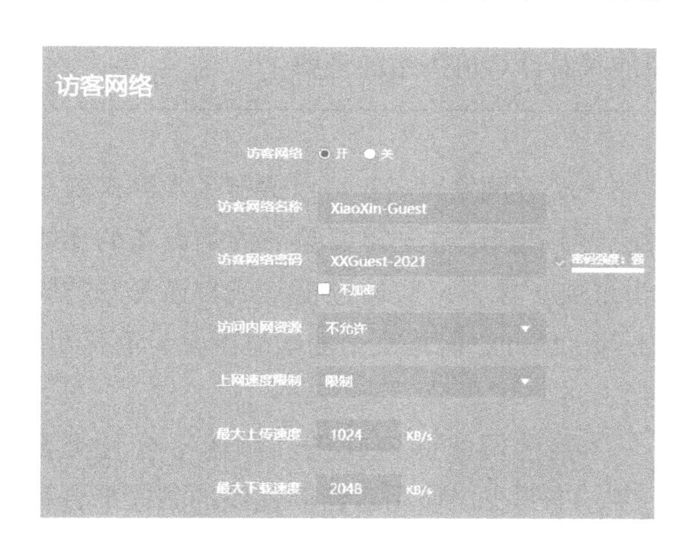

图 2–57 设置访客网络

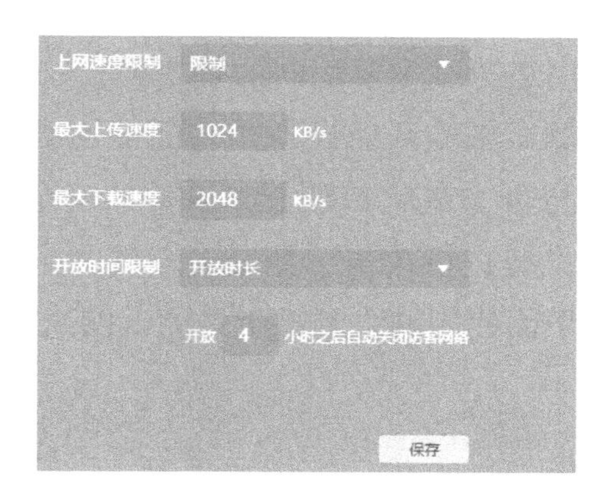

图 2–58 完成访客网络设置并保存

试一试：连接并配置家庭网络

通过本任务，相信同学们已经跃跃欲试了。家庭中的网络连接与配置工作应该是我们中职学校各专业学生的拿手好戏。请大家利用课余时间，完成家庭网络的连接与配置，并通过截图与同学们进行分享。

在家庭环境中，无线路由器的配置和本次任务中小明的配置基本一致，最大的区别在于上网设置。光纤入户的家庭，有可能会使用拨号上网的方式，通过运营商提供的用户名和密码，登录 Internet，具体的操作方法是在无线路由器的上网设置中，根据家庭网络环境进行设置，如图 2-59 所示。

图 2-59　宽带拨号上网设置

2.2.3　测试网络并排除网络故障

在完成网络连接与配置的任务后，小明使用网络测试工具对网络速度进行测试，并查阅一些介绍排除网络常见故障的资料，进一步加深对计算机网络的理解。

1. 测试网络

网络测试主要面向的是交换机、路由器、防火墙等网络设备，可以通过手动测试或自动化测试来验证该设备是否能够达到既定功能。网络测试首先需要验证的是设备的功能满足与否，在此基础上，设备的安全性也尤为重要。黑客一般通过工具或自己开发的脚本对设备进行攻击，如 DDoS 攻击、DNS 攻击等。因此，网络安全测试显得尤为重要。

下面使用网络测试工具测试网速。

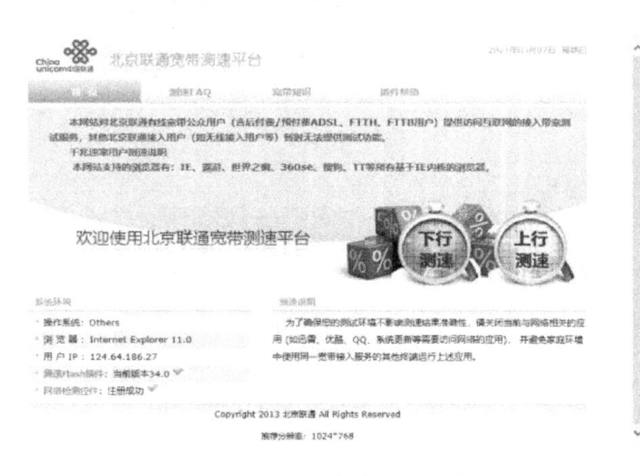

图 2-60　运营商宽带测速平台

当前网络测速软件和测速平台种类繁多，小明决定使用运营商提供的测速平台和第三方软件来进行网速测试。

（1）使用运营商提供的测速平台进行网速测试

步骤 1：经过与公司所在写字楼管理人员沟通得知网络所属的运营商，小明通过百度搜索到该运营商的宽带测速平台，使用浏览器登录该平台，如图 2-60 所示。通过网页上的测速说明，下载测试 Flash 插件和网络检测控件，并关闭所有与网络相关的应用，从而最大限度地保证测试的准确性。

步骤 2：为了提高测试的准确性，小明选择使用有线连接的方式进行网速测试。在下行测速界面，完成对下载速度的测试，如图 2-61 所示。在上行测速界面，完成对上传速度的测试，如图 2-62 所示。针对测试结果，小明发现速度没有达到预期的效果，决定与运营商进行沟通后再进行测试。

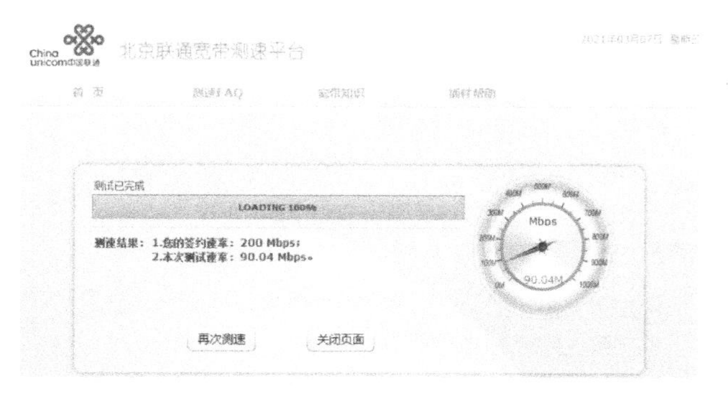

图 2-61 下行测速界面

图 2-62 上行测速界面

（2）使用第三方软件进行网速测试

当前，许多第三方软件平台均支持网速测试，由于不是运营商所指定的测速方式，通常只作为网络速度的参考值。小明选择使用腾讯电脑管家工具箱中的“测试网速”工具进行测试。

步骤 1：打开腾讯电脑管家中的工具箱，下载并打开“测试网速”工具，如图 2-63 所示。

步骤 2：启动“测试网速”工具，自动进行测试，得出的结果如图 2-64 所示。

图 2-63 腾讯电脑管家工具箱

图 2-64 测试网速界面

2. 排除常见网络故障

在企业或者家庭网络环境使用的过程中，有可能会出现各种网络故障。作为中职生，我们很难做到在短时间内判断并排除故障。小明通过请教经验丰富的网络管理员，汇总了解决常见网络故障的方法，绘制了一张思维导图，如图 2-65 所示。

（1）硬件故障

随着网络设备产品的不断升级更新，网络设备的硬件故障相比十多年前已经减少了许多。按照“先硬件、后软件”的整体排障思路，我们应当先排除网络设备硬件故障存在的可能性，再去判断连通性故障或稳定性故障。对于有线网络设备和无线网络设备，排除故障的思路也不太相同。

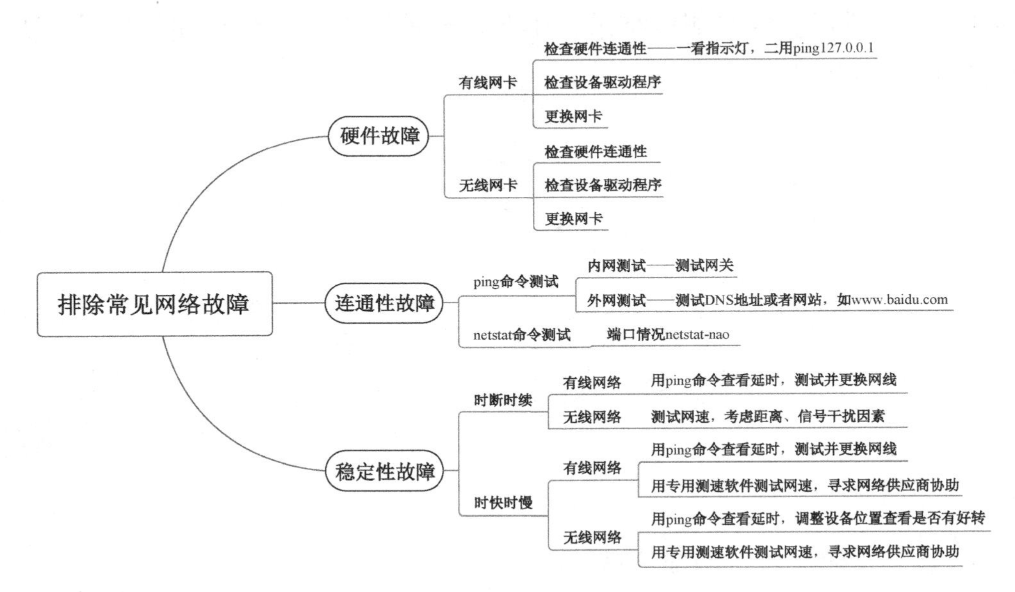

图 2-65　排除常见网络故障的思维导图

①有线网络设备硬件故障

对于具备网卡的设备而言，当用户发现操作系统提示“网络电缆被拔出”时，应当按照先检查网线，再检查网线另一端的交换机、路由器，最后检查网卡硬件的排障顺序进行检查，如图 2-66 所示。

如果用户确认计算机中安装了有线网卡，而“适配器选项”中没有出现以太网图标，则需要按照先检查网卡驱动程序，再检查 BIOS 设置的排障顺序进行检查。

②无线网络设备硬件故障

配备无线网卡的设备（如便携式计算机），当用户发现操作系统提示“未连接”且无法搜索无线网络时，需要按照先检查计算机外部的无线网络模块开关，再检查无线网卡驱动程序和无线网卡模块硬件故障的顺序进行排障，如图 2-67 所示。

图 2-66　网络电缆被拔出故障

图 2-67　无线网络未连接故障

（2）连通性故障

当网络环境发生连通性故障时，通常的表现是所有服务停止运行。这时，通常使用 ping 命令进行测试，判断连通性故障。

步骤 1：使用 ping 命令测试当前网络设备与路由器之间的连通性，如图 2-68 所示。通过测试，观察延时和丢包情况，如果延迟时间过长，或出现丢包情况，则说明连通性异常，需要从网线、设备驱动程序、网卡硬件等方面进行排障。

步骤 2：使用 ping 命令测试当前网络设备与 Internet 之间的连通性，如图 2-69 所示，测试与搜狐网站的连通性。

```
C:\Windows\system32\cmd.exe

C:\>ping 192.168.1.1

正在 Ping 192.168.1.1 具有 32 字节的数据:
来自 192.168.1.1 的回复: 字节=32 时间=32ms TTL=254
来自 192.168.1.1 的回复: 字节=32 时间=4ms TTL=254
来自 192.168.1.1 的回复: 字节=32 时间=4ms TTL=254
来自 192.168.1.1 的回复: 字节=32 时间=31ms TTL=254

192.168.1.1 的 Ping 统计信息:
    数据包: 已发送 = 4, 已接收 = 4, 丢失 = 0 (0% 丢失),
往返行程的估计时间(以毫秒为单位):
    最短 = 4ms, 最长 = 32ms, 平均 = 17ms

C:\>
```

图 2-68　测试网络设备与路由器的连通性

```
C:\Windows\system32\cmd.exe

C:\>ping www.sohu.com

正在 Ping fbx.a.sohu.com [123.126.104.68] 具有 32 字节的数据:
来自 123.126.104.68 的回复: 字节=32 时间=4ms TTL=58
来自 123.126.104.68 的回复: 字节=32 时间=38ms TTL=58
来自 123.126.104.68 的回复: 字节=32 时间=5ms TTL=58
来自 123.126.104.68 的回复: 字节=32 时间=10ms TTL=58

123.126.104.68 的 Ping 统计信息:
    数据包: 已发送 = 4, 已接收 = 4, 丢失 = 0 (0% 丢失),
往返行程的估计时间(以毫秒为单位):
    最短 = 4ms, 最长 = 38ms, 平均 = 14ms

C:\>
```

图 2-69　测试与 Internet 的连通性

步骤 3：使用 netstat 命令可以检查端口的连通性。如检查 135 号端口的连通性，命令如下：

```
netstat[空格]-nao[空格]|findstr “135”[回车]
```

如图 2-70 所示，该端口正在被 ID 号为 996 的进程监听。

（3）稳定性故障

在网络设备的硬件故障、连通性故障被排除后，如果网络环境依然存在稳定性较差的情况，则需要进行更加细致的排查，力求能够保持网络数据传输的稳定。

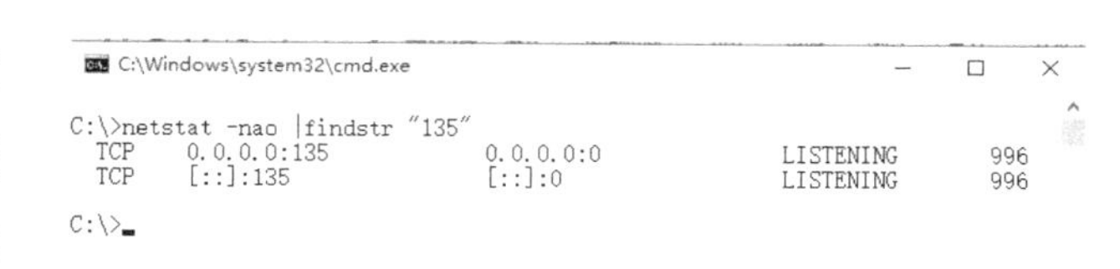

图 2-70　检查 135 号端口的连通性

对于有线网络设备而言，通过使用测速软件进行测试，如果发现网络稳定性异常，可以优先更换线缆，检查故障是否解决，如果没有解决，则需要通过寻求网络运营商协助进行解决。

对于无线网络设备来说，首先考虑距离和信号干扰等因素，通过调整设备位置排除距离等因素后，再按照有线网络设备的排查方法进行排查，最终需要寻求网络运营商解决问题。

学习检验

张工说：“小明，配置网络的工作终于完成了，学到了很多知识吧”。

小明回答：“谢谢您！网络配置工作确实很重要，还有很多知识需要我在未来的工作中继续学习、提高。”

张工说：“能有不断学习的决心就好，我们一起来测试一下完成情况吧。”

本任务的完成情况评价表见表 2-5，请你根据实际情况来填写。

表 2-5　完成情况评价表

任务要求	很好	好	不够好
能识别常见的网络设备			
能说出常见网络设备的功能			
能根据客户的需求完成网络的连接			
能根据网络规划完成基本设置			
能排除简单的网络故障			

学习小结

通过本任务，能了解网络设备的类型和功能，会进行网络的连接和基本设置，能够判断和排除简单的网络故障。书山有路勤为径，学海无涯苦作舟。同学们在未来的工作和生活中，会遇到不少网络方面的问题，要通过搜集资料、制定方案，从而解决问题，不断提高自己的技能。

表 2-6 是小明设计的学习总结表，请你根据自己的实际情况来填写。

表 2-6　学习总结表

主要学习内容	学习方法	学习心得	待解决的问题
整体总结：			

拓展学习

使用共享网络热点来解决上网问题。

小明在外出差期间，遇到急需用笔记本上互联网但周边没有无线局域网络信号的情况，这时，就需要使用共享移动网络网络热点的方式解决。

【方法 1】使用苹果 iOS 系统完成共享网络热点操作

步骤 1：使用苹果 iOS 系统的移动终端（手机或平板电脑），打开“设置”界面，单击“个人热点”，如图 2-71 所示。

步骤 2：在个人热点设置中，将“允许其他人加入”开关打开，设置无线局域网密码，如图 2-72 所示。

图 2-71 苹果 iOS 系统“设置”界面　　图 2-72 个人热点设置

【方法 2】使用安卓（Android）系统完成共享网络热点操作

步骤 1：使用安卓系统的移动端（以华为 P30 为例），打开“设置”界面，如图 2-73 所示。

步骤 2：单击“移动网络”，进入“个人热点”，参照苹果 iOS 系统的操作步骤进行移动网络设置，完成共享网络热点操作，如图 2-74 所示。

图 2-73 安卓系统“设置”界面　　图 2-74 移动网络设置

学习检测

1．能扩大网络，为网络中提供更多连接端口，以便能够连接计算机的网络设备是（　　）。

A．路由器　　B．交换机　　C．网卡　　D．防火墙

2．在门禁系统中，通过无线射频方式进行非接触双向数据通信的物联网设备称为（　　）。

A．RFID　　B．TCP/IP　　C．MAC　　D．IoT

3．网络管理员通过无线路由器的（　　）功能设置地址池。

A．DNS 服务器　　B．IP-MAC 捆绑　　C．上网设置　　D．DHCP 服务器

4．在无线路由器的上网设置中，如果通过 PPPoE 方式上网，需要设置上网方式为（　　）。

A．固定 IP 地址　　B．自动获取 IP 地址

C．拨号上网方式　　D．不需要进行任何设置

5．使用下面哪个命令，可以测试网络的连通性？（　　）

A．nmap　　B．ssh　　C．ping　　D．telnet

任务 2.3 获取网络资源

通过“获取网络资源”的学习，能识别网络资源的类型，会区分网络开放资源、免费资源和收费认证资源，并能根据实际需求获取网络资源；能树立知识产权意识，能合法使用网络信息资源；会辨识有益或不良网络信息，能对信息的安全性、准确性和可信度进行评价，能自觉抵制不良信息。

任务情境

张工说：“小明，咱们已经完成了公司网络配置，在整个完成过程中你的表现非常棒，我会在你的实习手册里好好表扬你。”

小明说：“谢谢张工！下面我们是不是该向员工们提供他们需要的资源了？这方面我最擅长了，我知道有几个网站下载资源特别快，咱们开始干吧。”

张工说：“有工作热情很好，但咱们还是先分析一下这些资源的来源，确认不违法后再使用吧。”

小明点点头，说：“明白，自从学习了信息技术相关的法律法规之后，我觉得这点很重要。”

学习目标

1. 知识目标

（1）能说出网络资源的类型。

（2）能说出网络开放资源、免费资源、收费资源的区别。

2. 能力目标

（1）能根据实际需求获取网络资源，并能合法使用网络信息资源。

（2）能辨识有益或不良网络信息，能对信息安全性、准确性和可信度进行评价。

3. 素养目标

培养学生的知识产权意识，能自觉抵制不良网络信息。

活动要求

借助学习资料开展自主学习，完成对网络资源的基本认知，通过获取资源的过程，树立知识产权意识。

任务分析

根据前两个任务的经验，小明娴熟地对本次任务进行了如下安排：

（1）将工作内容逐一列出来。

（2）列出每项内容的所有环节。

（3）按重要性或流程进行排序。

（4）最终依照重要性以及可能遇到的困难，设定学习内容并制定实施方案。

小明用思维导图的方式对任务进行分析，如图 2-75 所示。

小明厘清了思路，按思维导图整理好资料，开始学习。

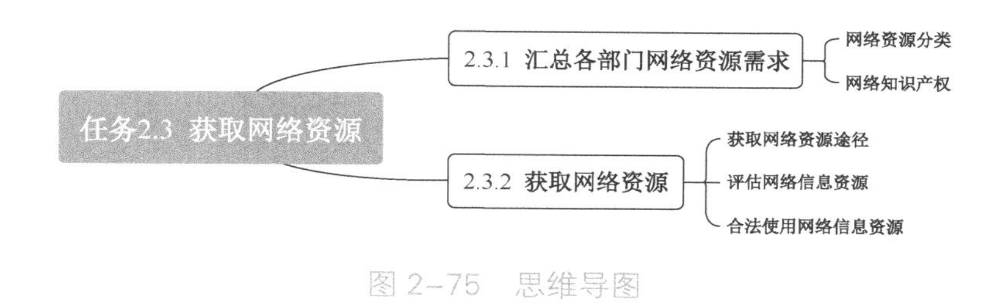

图 2-75 思维导图

任务实施

2.3.1 汇总各部门网络资源需求

网络信息资源是指以数字化形式记录的，以多媒体形式表达的，存储在网络计算机磁介质、光介质以及各类通信介质上的，并通过计算机网络通信方式进行传递的信息内容的集合。与传统的信息资源相比，网络信息资源在数量、结构、分布和传播的范围、载体形态、内涵传递手段等方面都显示出新的特点。

1. 网络资源分类

（1）按照信息资源来源分类

①大学信息资源。通过某大学网站主页，了解该大学的教学水平、师资力量、专业设置等信息。根据大学网站了解特定领域的学术研究成果或文献。

②政府机构信息资源。政府机构网站一般提供政策性文件和相关法律条文等信息。

③行业企业信息资源。可以了解企业的产品、服务、人员、规模等信息，也是企业进行商业宣传与推广的有效手段。

④学术组织信息资源。通过学术组织的网站，可以了解某学术组织的工作议程和学术观点，了解某行业的最新动态或行业标准。

⑤个人信息资源。个人网站、个人博客是网民发布信息的重要渠道。

（2）按照资源类型分类

常见网络信息资源有三大类：数字媒体类资源、文档类资源、软件类资源。

①数字媒体类资源，包括文字、图片、音频、视频、图形、图像等由数字技术支持的信息传输载体，其表现形式更复杂，更具视觉冲击力，更具有互动特性。

②文档类资源，包括 Word 文档、Excel 文档、PPT 文档、PDF 文档等，在这些文档中可以插入文字、图片、视频等数字媒体资源。具有方便用户创建、编辑、阅读等特点。

③软件类资源，包括常用办公软件、专业办公软件、娱乐软件、社交软件等，如 Photoshop 软件、CAD 绘图软件、微信、游戏软件等。这些软件资源已经成为人们日常生活、工作中必不可少的工具。

（3）按照知识产权保护分类

网络信息资源可以分为开放资源、免费资源、收费认证资源。

①开放资源是指在网络的公共区域内，可以对资源进行下载、复制等操作的资源。

②免费资源是指一些集体或个人为其他有此方面需求的人提供免费的不求任何回报的资源，如免费杀毒软件、新闻资讯等。

③收费认证资源越来越普遍，如收费的视频、音频、文档等。

试一试

小明根据网络资源分类的相关知识，将各部门的资源需求做了如下汇总（见表 2–7）。

表 2–7　各部门资源需求汇总

资源名称	文件类型	资源来源	资源类型	知识产权类型
学校建校历史	网页			
颁奖典礼音乐	音频			
我和我的祖国	电影			
和谐社会	图片			
会议总结 PPT 模板	演示文稿			
中学生日常行为规范	Word 文件			
垃圾分类知识宣传	PDF 文件			
电脑摄像头驱动	驱动程序			
腾讯会议软件	社交软件			
WPS 2019 办公软件	办公软件			

2. 网络知识产权

网络知识产权是指由数字网络发展引起的或与其相关的各种知识产权。著作权包括版权和邻接权，工业产权包括专利、发明、实用新型、外观设计、商标、商号等。而网络知识产权除了传统知识产权的内涵，还包括数据库、计算机软件、多媒体、网络域名、数字化作品以及电子版权等。

网络环境下知识产权概念已经扩大了很多。我们在网络上经常接触的电子邮件，在电子布告栏和新闻论坛上看到的信件，网上新闻资料库，资料传输站上的电脑软件、图片、音乐、动画等，都受到著作权保护。

（1）认识知识产权

知识产权是基于人们对自己的智力活动创造的成果和经营管理活动中的标记、信誉等依法享有的权利。它是一种私权，本质上是特定主体依法专有的无形财产权，其客体是人类在科学、技术、文化等知识形态领域所创造的精神产品。

保护知识产权的目的是鼓励人们发明创造，并公开发明创造的成果，从而推动整个社会的知识传播与科技进步。

（2）网络侵权行为

网络知识产权的侵权行为方式按照传统的知识产权的分类方式，可以分为以下几种。

①网上侵犯著作权主要方式

根据《中华人民共和国著作权法》第 46 条、第 47 条的规定，凡未经著作权人许可，擅自利用受著作权法保护的作品的行为，即为侵犯著作权的行为。

网络著作权内容侵权一般可分为三类：一是对其他网页内容完全复制；二是虽对其他网页的内容稍加修改，但仍然严重损害被抄袭网站的良好形象；三是侵权人通过技术手段偷取其他网站的数据，非法做一个和其他网站一样的网站，严重侵犯其他网站的权益。

②网上侵犯商标权主要方式

在网络交易中，网上商品宣传通常难以辨别真伪，而对于明知是假冒注册商标的商品仍然进行销售，或者利用注册商标用于商品、商品的包装、广告宣传或者展览自身产品，来增加自己的营业收入，这些都是网上侵犯商标权的典型表现。

（3）树立知识产权保护意识

作为中等职业学校的学生，应树立知识产权保护意识，培养运用知识产权法、知识产权竞争、创新等基本观念。提高知识产权意识，形成保护和激励人们创造发明积极性的社会氛围，能极大地促进个人和国家的发展。

2.3.2 获取网络资源

网络信息资源具有数量庞大，增长迅速，内容丰富，变化频繁，质量良莠不齐等特点。那么面对网上浩如烟海的信息资源，如何快速、准确地获取这些资源呢？接下来我们跟小明一起开始接下来的工作。

1. 获取网络资源途径

（1）搜索引擎

搜索引擎是根据用户需求从互联网检索出指定信息反馈给用户的一门检索技术，它能

图 2–76　搜索引擎

提高人们获取搜集信息的速度，为人们提供更好的网络使用环境。常见的搜索引擎有百度、IE 等，如图 2-76 所示。

在搜索引擎界面输入关键词，单击“搜索”按钮之后，搜索引擎程序便把包含关键词的相关网页从索引数据库中找出，并且对网页进行排序，最后按照一定格式返回到“搜索”页面。对搜索结果进行排序，其决定了搜索引擎质量好坏及用户满意度。

影响搜索结果排序的因素很多，但最主要的因素之一是网页内容的相关性。影响相关性的主要因素包括以下 3 个方面。

①关键词常用程度。经过分词后的多个关键词，对整个搜索字符串的意义贡献并不相同。越常用的词对搜索词的意义贡献越小，越不常用的词对搜索词的意义贡献越大。

②词频及密度。通常情况下，关键词的密度和其在页面中出现的次数成正相关，次数越多，说明密度越大，页面与关键词关系越密切。

③关键词位置及形式。关键词越出现在比较重要的位置，如标题、标签、黑体等，说明页面与关键词越相关。

（2）网络地址

在掌握网络地址的情况下，用户可以直接进行资源获取。例如，政府网站、院校官网、订票网站等，如图 2-77 所示。

图 2–77　政府网站

（3）主题指南

主题指南是指将网络信息资源利用人工分类的方法组织成一个目录结构，用户根据主题目录和子目录逐层深入查找所需信息，如图 2-78 所示。

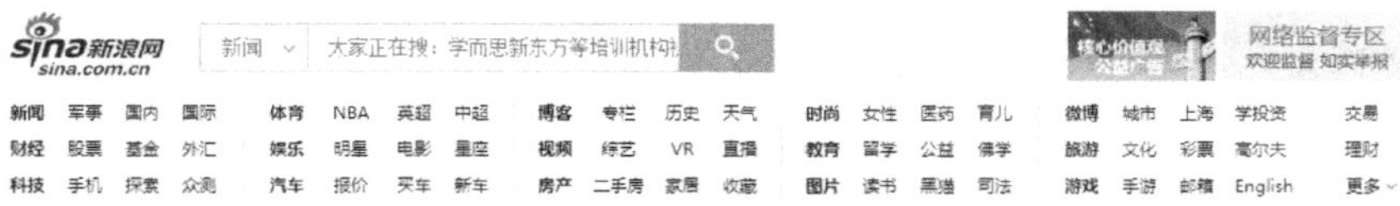

图 2–78　主题指南

试一试：小明根据各部门的资源需求下载网络资源（见表 2-8）

表 2-8　获取网络资源汇总表

资源名称	文件类型	搜索引擎	获取网络资源网址
学校建校历史	网页		
颁奖典礼音乐	音频		
我和我的祖国	电影		
和谐社会	图片		
会议总结 PPT 模板	演示文稿		
中学生日常行为规范	Word 文件		
垃圾分类知识宣传	PDF 文件		
电脑摄像头驱动	驱动程序		
腾讯会议软件	社交软件		
WPS 2019 办公软件	办公软件		

不同类型的资源可以通过以下途径获取。

1. 从官网获取软件

为了获取正版、安全的办公软件或专业软件，可以直接从软件官网下载。例如，WPS 办公软件可以通过以下步骤获取。

步骤 1：打开浏览器，在地址栏中输入“www.wps.cn”，可以进入 WPS 官网，如图 2-79 所示。

图 2-79　WPS 官网

步骤 2：单击网页上方的“所有商品”，即可找到需要下载的 WPS 办公软件，如图 2-80 所示。

图 2-80　选择 WPS 办公软件

步骤 3：单击网页中的“WPS Office 2019 版”，进入该软件的下载界面，如图 2–81 所示，单击该网页中的“免费下载”按钮即可。

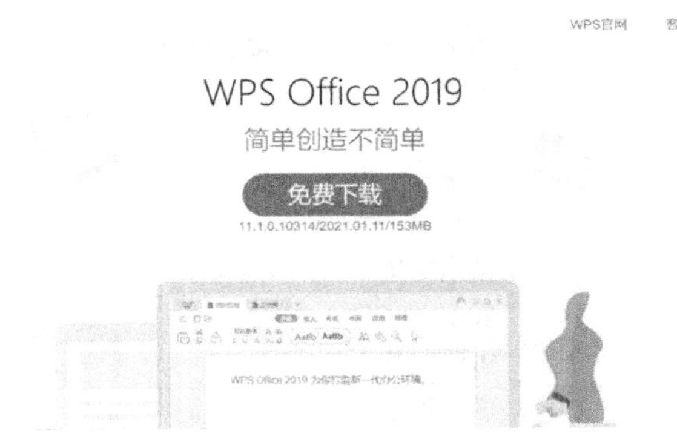

图 2–81　免费下载软件

2. 从 360 安全卫士中获取软件

360 安全卫士是一款由奇虎 360 公司推出的功能强、效果好、受用户欢迎的安全杀毒软件。360 安全卫士拥有查杀木马、清理插件、修复漏洞、电脑体检、电脑救援、保护隐私、电脑专家、清理垃圾、清理痕迹等多种功能。还可以从该款软件平台中下载需要的办公软件或驱动程序。

步骤 1：安装并打开 360 安全卫士，如图 2–82 所示。

步骤 2：单击软件界面右上方的“软件管理”，进入软件管理界面，如图 2–83 所示。

图 2–82　360 安全卫士　　图 2–83　软件管理界面

在该界面中可以通过右上方的搜索引擎，寻找需要的软件或驱动程序。

3. 获取 PPT 模板资源

演示文稿作为目前十分流行的一款办公软件，在各类培训会、总结会、产品推介会上都发挥着十分重要的作用。获取演示文稿模板时都是付费下载的。例如，通过以下网站下载。

步骤 1：在浏览器中输入“熊猫办公”，进入 PPT 模板下载界面，如图 2–84 所示。

步骤 2：单击右上角的“注册”按钮，进入注册界面，可以通过 QQ 号或微信直接注册，如图 2–85 所示。

图 2-84　PPT 模板下载界面　　　　图 2-85　注册界面

在网络上有很多网站或平台提供图片、电影、音乐类资源，通过搜索引擎进行关键词的检索即可获得这些资源。需要特别注意的是，在下载这些资源时，要先知道如何评估这些资源，以保证所下载的资源是安全的、健康的。

2. 评估网络信息资源

在网络信息资源日益丰富的今天，对网络信息资源的评价与选择问题显得越来越重要。面对网络上良莠不齐的网络信息资源，用户在使用、传播时要首先判断网络信息的可信度、准确性和安全性。

（1）网络信息可信度

网络信息资源的权威性和可信度，是利用网络信息的首要选择标准。由权威机构或知名机构（人士）发布的信息还是比较可靠的，尤其是政府机构、著名研究机构或大学发布的文献信息，从可信度上来说是比较好的。

（2）网络信息准确性

网络信息的内容要具有准确性、科学性，采用科学的方法和形式进行阐述。其次，网络信息要具有客观准确性，列出可供核查事实的信息来源、事实数据。同时，网络信息要公正，不能出现有倾向性的或与事实相悖的宣传和评论。

（3）网络信息安全性

网络信息安全性包括保密性、完整性、可用性和认证安全性。

①保密性安全主要是指保护信息在存储和传输过程中不被未授权的实体识别。例如，网上传输的信用卡账号和密码不被识破。

②完整性安全是指信息在存储和传输过程中不被未授权的实体插入、删除、篡改和重发等，信息内容不被改变。例如，用户发给别人的电子邮件，保证到接收端的内容没有改变。

③可用性安全是指不能因系统受到攻击而使用户无法正常去访问他本来有权正常访问的资源。例如，保护邮件服务器安全，不因其遭到“攻击”而无法正常工作。

④认证安全性就是通过某些验证措施和技术，防止无权访问某些资源的实体通过某种特殊手段进入网络而进行访问。

3. 合法使用网络信息资源

随着科学技术的发展，互联网、移动终端等新兴媒体的广泛应用，给青少年学生学习和娱乐开辟了新途径。同时，腐朽落后的思想文化和有害信息借机传播，对广大青少年学生的健康成长产生了一定的负面影响。对此，党中央高度重视，部署了一系列净化社会文化环境的行动，并在 2009 年 11 月底召开的全国未成年人思想道德建设经验交流会上再次强调了**抵制网络不良信息**的重要性和紧迫性。

学习检验

张工说："小明，对于本次任务内容，我还要再考考你。"

小明回答："好啊，没问题。"

本任务的完成情况评价表见表 2-9，请你根据实际情况来填写。

表 2–9　完成习情况评价表

任务要求	很好	好	不够好
能描述网络资源的类型			
能说出网络资源获取途径			
能说出网络开放资源、免费资源、收费资源的区别			
能说出对网络资源的评价方法			
能描述网络知识产权的侵权行为			

学习小结

测试完成了。

张工说："小明，通过本次任务，我发现你理论与实践相结合的能力很强啊！"

小明说："谢谢您的夸奖！我把学习收获跟您说一下吧。"

张工说："好啊。"

表 2-10 是小明设计的学习总结表，请你根据自己的实际情况来填写。

表 2–10　学习总结表

主要学习内容	学习方法	学习心得	待解决的问题
整体总结：			

拓展学习

个人信息安全问题

1. 个人信息没有得到规范采集

现阶段，虽然生活方式呈现出简单和快捷性，但其背后也伴有诸多信息安全隐患。例如，诈骗电话、大学生“裸贷”问题、推销信息以及人肉搜索信息等均对个人信息安全造成影响。不法分子通过各类软件或者程序来盗取个人信息，并利用信息来获利，严重影响了公民生命、财产安全。此类问题多集中于日常生活中，如无权、过度或者非法收集信息等情况。除了政府和得到批准的企业，有部分未经批准的商家或者个人对个人信息实施非法采集，甚至部分调查机构成立调查公司，肆意兜售个人信息。上述问题使得个人信息安全受到极大影响，严重侵犯公民的隐私权。

2. 公民欠缺足够的信息保护意识

网络上个人信息肆意传播、电话推销源源不绝等情况时有发生，从其根源来看，这与公民欠缺足够的信息保护意识密切相关。公民在个人信息层面的保护意识相对薄弱，给信息被盗取创造了条件。例如，随便点进网站便需要填写相关资料，有的网站甚至要求填写身份证号等信息。很多公民并未意识到上述行为是对信息安全的侵犯。部分网站基于公民意识薄弱的现状公然泄露或者出售相关信息。日常生活中随便填写传单等资料也存在信息被违规使用的风险。

3. 相关部门监管不力

政府针对个人信息采取监管和保护时，可能存在界限模糊的问题，这主要与管理理念模糊、机制缺失有关。个别地方政府并未基于个人信息设置专业化的监管部门，引起职责不清、管理效率较低等问题。此外，大数据需要以网络为基础，网络用户较多并且信息较为繁杂，因此政府也很难实现精细化管理。再加上与网络信息管理相关的规范条例等并不系统，使得政府很难针对个人信息做到全面有效监管。

如何解决个人信息的安全问题？

学习检测

1. 下列属于数字媒体资源的是（　　）。

A. 绘图软件　　B. 文字资源　　C. PDF 文件　　D. PPT 模板

2. 下列属于电子邮件网络地址的是（　　）。

A. www.baidu.com　　B. www.126.com

C. www.sina.com.cn　　D. www.beijing.gov.cn

3．以下不属网络资源评价方法的是（　　）。

A．安全　　B．准确　　C．可信度　　D．时效

4．下列不属于著作权法所规定的作品范围的是（　　）。

A．时事新闻　　B．办公软件　　C．设计图纸　　D．自制视频

5．下列不属于网络侵权行为的是（　　）。

A．对其他网页内容完全复制　　B．严重损害被抄袭网站的良好形象

C．严重侵犯其他网站的权益　　D．对原创音乐进行网络发布

任务2.4 网络交流与信息发布

通过“网络交流与信息发布”的学习，能了解网络通信的定义和电子邮件的工作原理，会进行网络通信、网络信息传送和网络远程协作；能够编辑和发布网络信息；能够在网络交流、网络信息发布等活动中，坚持正确的网络文化导向，弘扬社会主义核心价值观。

任务情境

小明说：“张工，下个月公司就要开年终总结会了，领导让咱们部门负责给员工们发送年终总结会通知，还要上传相关文件，我发公司群里行吗？”

张工说：“按照公司规定，这种情况我们必须用电子邮箱发送，可以在群里提醒大家查收。”

小明说：“好的，明白了。这次总结会的筹备、宣传工作也让咱们信息部做技术支持，我该怎么做呢？”

张工说：“别着急年轻人，咱们按照任务流程逐一解决，做事要有……”

小明马上接着说：“计划和耐心，我知道了。”

学习目标

1．知识目标

（1）能说出网络通信的定义。

（2）能说出电子邮件的工作原理。

2．能力目标

（1）能根据任务内容，进行网络通信、网络信息传送和网络远程协作。

（2）能编辑和加工并发布网络信息。

3. 素养目标

能在网络交流、网络信息发布等活动中，坚持正确的网络文化导向，宣传正能量，弘扬社会主义核心价值观。

活动要求

根据本次任务内容，完成会议筹备，组织召开线上会议，并对本次会议进行正面宣传。

任务分析

根据本次组织线上总结会议的任务，小明娴熟地对本次任务进行了如下安排：

（1）将工作内容逐一列出来。

（2）列出每项内容的所有环节。

（3）按重要性或流程进行排序。

（4）最终依照重要性以及可能遇到的困难，设定学习内容并制定实施方案。

小明用思维导图的方式对任务进行分析，如图 2-86 所示。

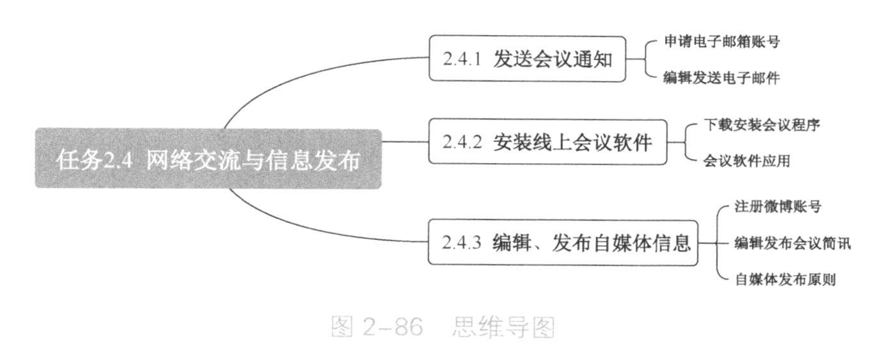

图 2-86 思维导图

小明厘清了工作思路，开始努力完成本次任务。

任务实施

2.4.1 发送会议通知

网络是用物理链路将各个孤立的工作站或主机相连在一起，组成的数据链路，从而达到资源共享和通信的目的。通信是人与人之间通过某种媒体进行的信息交流与传递。网络通信是指通过网络将各个孤立的设备进行连接，通过信息交换实现人与人，人与计算机，计算机与计算机之间的通信。网络通信中最重要的就是网络通信协议。

小明接下来要先申请电子邮箱账号，然后通过电子邮件向参会人员发送会议通知。

1. 申请电子邮箱账号

电子邮件服务（E-mail 服务）是指通过网络传送信件、单据、资料等电子信息的通信方法，它是根据传统的邮政服务模型建立起来的。当我们发送电子邮件时，这份邮件是由发送服务器发出，并根据**收件人的地址**判断对方的邮件接收器而将这封信发送到该服务器上的，收件人要收取邮件也只能访问这个服务器才能完成。

电子邮件服务是目前常见的、应用广泛的一种互联网服务。通过电子邮件，可以与Internet上的任何人交换信息。电子邮件与传统邮件比有传输速度快、内容和形式多样、使用方便、费用低、安全性好等特点。具体表现在：发送速度快，信息多样化，收发方便，成本低廉。

（1）电子邮箱

电子邮箱是指通过网络为用户提供交流的电子信息空间，既能为用户提供发送电子邮件的功能，又能自动地为用户接收电子邮件，同时还能对收发的邮件进行存储，但在存储邮件时，对邮件的大小有严格规定。

（2）常用电子邮箱

因为电子邮箱具有传输速度快、使用方便、低成本、安全性好等特点，很多公司都提供免费电子邮箱服务。下面对常用免费电子邮箱进行总结（见表2-11）。

表2-11　常用免费电子邮箱

邮箱名称	网络地址	账号名称	说明
QQ邮箱	mail.qq.com	*****@qq.com	申请QQ自带邮箱
126邮箱	mail.126.com	******@126.com	可发送2G超大附件
163邮箱	mail.163.com	******@163.com	与126邮箱同属网易公司，响应速度更快
新浪邮箱	mail.sina.com.cn	******@sina.com	通过网盘发送大附件，移动设备访问方便
搜狐闪电邮箱	mail.sohu.com	******@sohu.com	响应速度快，无须网盘中转

还有很多免费邮箱，很多手机品牌也提供免费邮箱服务，大家可以根据需求进行选择。

（3）注册电子邮箱账号

电子邮箱账号的申请十分便捷，下面以申请126邮箱账号为例。具体操作步骤如下。

步骤1：在浏览器中输入“126邮箱”，按Enter键，如图2-87所示。

步骤2：进入126邮箱登录网页后，单击左下角的“注册网易邮箱”，如图2-88所示。

图2-87　打开邮箱登录页面

图2-88　注册邮箱账号

步骤 3：填写注册信息，勾选“同意《服务条款》、《隐私政策》和《儿童隐私政策》”复选框，单击“立即注册”按钮，如图 2-89 所示。

2. 编辑发送电子邮件

小明申请了电子邮箱账号，接下来将开始编辑会议通知，并以电子邮件形式将会议通知发送到公司公共邮箱中，公共邮箱地址为“xiaoxinkeji@126.com”。

（1）编辑会议通知

步骤 1：登录成功后，进入个人电子邮箱，单击网页中的“写信”，如图 2-90 所示。

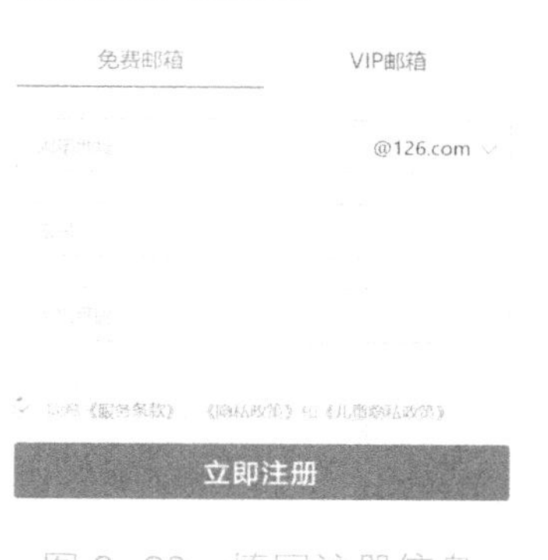

图 2-89　填写注册信息

图 2-90　写信

步骤 2：根据“通知”的写作格式，在内容编辑区填写简要通知内容，设置文字格式。单击左上角的“添加附件”，添加相关文件，如图 2-91 所示。

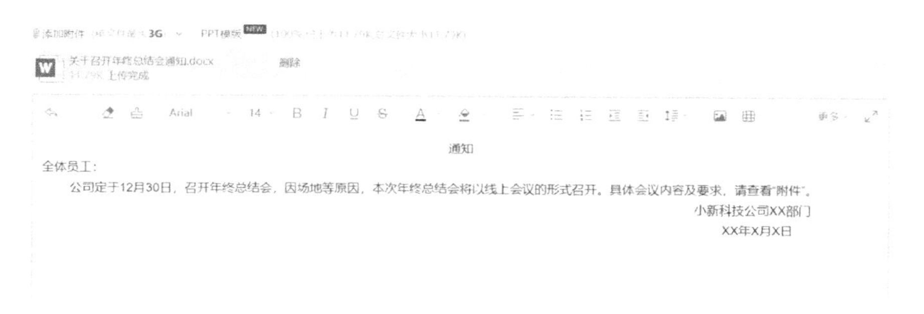

图 2-91　编辑通知内容并添加附件

（2）发送邮件

步骤 1：通知内容填写完后，填写收件人邮箱地址及邮件主题，如图 2-92 所示。

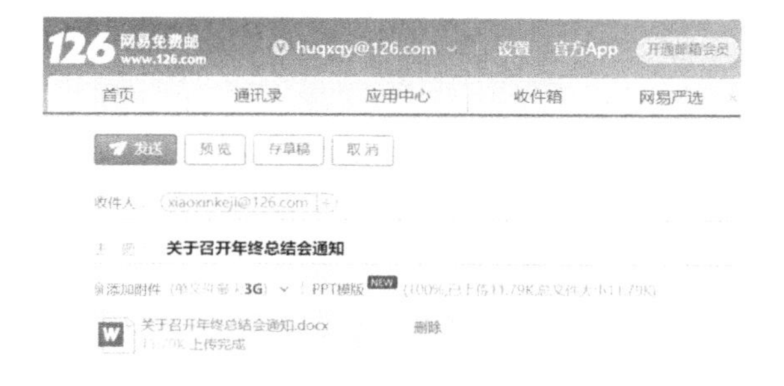

图 2-92　填写收件人邮箱地址及邮件主题

步骤 2：在发送邮件前，要检查邮件内容及文字格式是否正确，单击“预览”按钮，结果如图 2-93 所示。

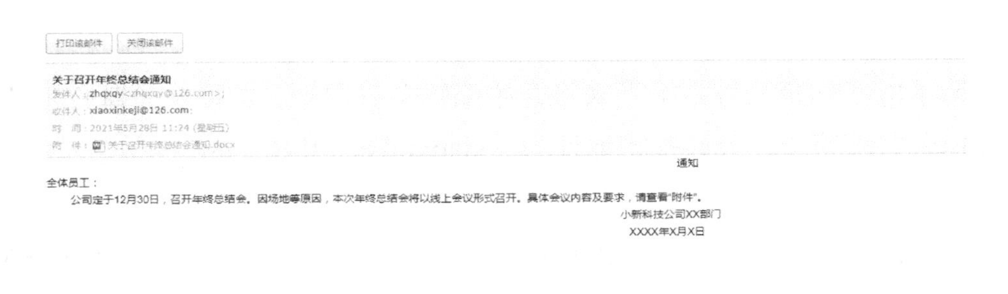

图 2-93　预览邮件

步骤 3：确认电子邮件内容及附件无误后，单击左上角的“发送”按钮。

试一试

在邮箱中，为了能够更好地管理邮件，可以在邮箱中新建不同主题的文件夹，以便将收到的邮件分类保管，方便查找。大家试一试在邮箱中新建“媒体文件”“通知文件”等文件夹，并将收到的邮件“移动至”相应的文件夹中保存。

2.4.2　安装线上会议软件

小明已将本次年终会议通知发到公司公共邮箱，并通过公司群提醒全体员工查收会议通知。本次会议是以线上形式召开的，因此小明要下载线上会议软件，创建会议室，上传本次会议的相关文件。下面以“腾讯会议”软件为例进行说明。

1. 下载安装会议程序

从网络上获取软件资源是十分普遍的现象，为确保软件的安全性，建议从“官网”下载，具体步骤如下。

（1）下载腾讯会议软件

步骤 1：在搜索引擎中，输入关键字“腾讯会议”，单击“百度一下”按钮，如图 2-94 所示。

步骤 2：在检索出的信息中，选择有“官方/官网”字样的信息，单击后进入该网页，如图 2-95 所示。

图 2-94　百度搜索

腾讯会议-随时随地 高清云视频会议 官方

腾讯会议-基于腾讯21年音视频通讯经验，腾讯会议提供一站式云会议解决方案，满足企业远程沟通的线上会议需求，支持手机/平板/PC多设备端，共享高清桌面，在线文档能力，高清流畅、便捷易用、安全可靠，随时随地开会，全方位满足不同场景下的需求，官方电话4009100100转5

图 2-95　选择检索信息

步骤 3：进入该网页后，单击网页下方的“免费下载”按钮，如图 2-96 所示。

步骤 4：根据预设的保存路径，找到文件拓展名为“.exe”的安装程序，如图 2-97 所示。

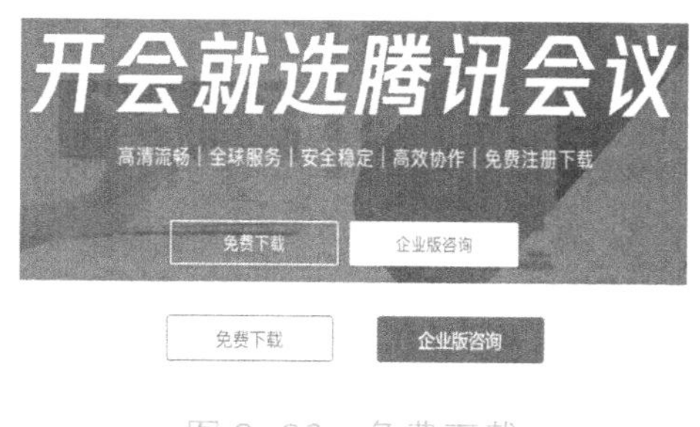

图 2-96　免费下载

图 2-97　应用程序

（2）安装腾讯会议软件

软件下载完成后，首先通过杀毒软件检测其安全性，然后双击软件安装程序图标，即可根据安装向导进行安装。

2. 会议软件应用

小明是第一次参加线上会议，他要先熟悉线上会议软件的使用方法及功能，为会议的召开做准备。下面以应用腾讯会议软件为例。

（1）创建会议室

可以使用微信账号登录腾讯会议，登录成功后可以选择会议时间。

步骤 1：在“腾讯会议”界面，选择“预定会议”，如图 2-98 所示。在“预定会议”界面设置会议主题、会议日期等内容。确认无误后单击“预定”按钮，如图 2-99 所示。

图 2-98　“腾讯会议”界面

图 2-99　“预定会议”界面

步骤 2：确认会议信息无误后，单击“复制”按钮，将会议信息发送给其他参会人员，其他参会人员利用会议 ID 就可以按时加入会议，如图 2-100 所示。会议预定成功后，在首页会显示已预定的会议信息，如图 2-101 所示。

图 2-100　复制会议信息　　　　图 2-101　成功预定会议

（2）屏幕共享

线上会议的参会人员可以通过语音和摄像头视频功能进行线上交流。主讲人还可以将准备好的会议资料，如音频、视频、文档等共享给其他参会人员。当主讲人开启“共享屏幕”功能时，会议中的其他参会人员都可通过电脑、手机观看主讲人的屏幕，如图 2-102 所示。

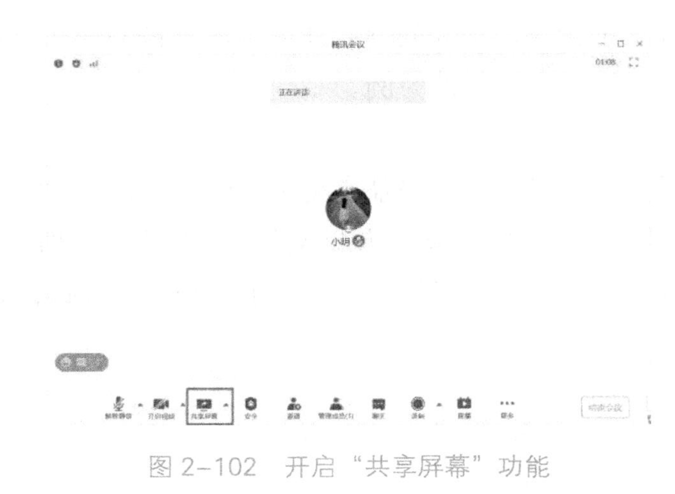

图 2-102　开启“共享屏幕”功能

选择共享内容后，单击“确认共享”按钮，如图 2-103 所示。

图 2-103　选择共享内容

（3）上传文件

了解线上会议的召开形式后，接下来按照会议要求，小明要将一些会议资料上传到会议文档中，以便参会人员使用。

图 2-104 选择文档

步骤 1：进入会议后，在界面下方的菜单栏中，单击“更多”，然后单击“文档（1）”，如图 2-104 所示，打开“文档”界面。

步骤 2：单击“文档”界面右上角的“导入文档”，选择“从‘腾讯文档’导入”或“本地导入”，如图 2-105 所示。

步骤 3：根据文档保存路径，选中要导入的会议文档后，单击“打开”按钮，即可上传文件，如图 2-106 所示。

图 2-105 选择“本地导入”

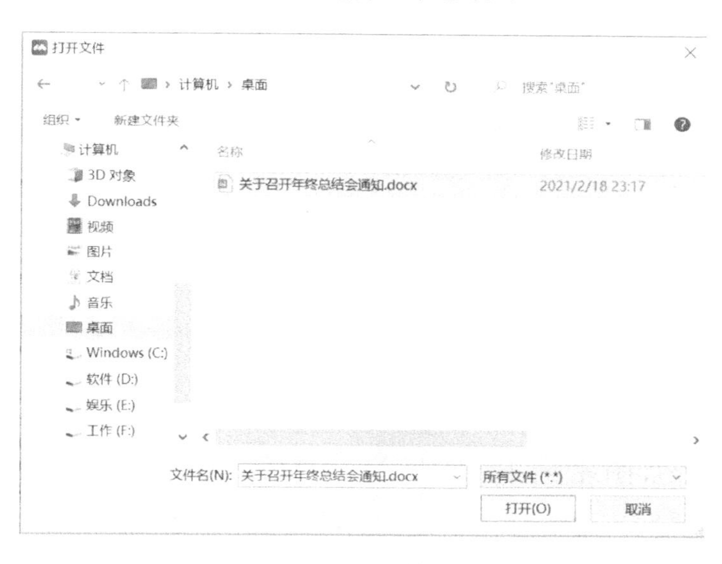

图 2-106 上传文件

小明已初步掌握腾讯会议软件的使用方法，并将本次年终会议所需的资料上传到会议文档中。但他对该会议软件的其他一些功能还不太熟悉，让我们和他一起来试一试吧。

试一试

线上会议进行的过程中，要将重要的信息、画面，以图片或视频的方式保存。例如，对参会人员的考勤、领导所讲的重点内容都可以截图保存，或者对会议全过程进行录像，保存视频资料。请大家尝试保存这些过程性资料。

2.4.3 编辑、发布自媒体信息

自媒体（We Media）是指普通大众通过网络等途径向外发布他们本身的实事和新闻的传播方式；是普通大众经由数字科技与全球知识体系相连之后，一种提供与分享他们本身的事实和新闻的途径；是私人化、平民化、普泛化、自主化的传播者，以现代化、电子化的手段，向不特定的大多数或特定个人传递规范性及非规范性信息的新媒体的总称。

自媒体包括但不限于个人微博、个人日志、个人主页等，其中最有代表性的托管平台是美国的 Facebook 和 Twitter，中国的 Qzone、新浪微博、腾讯微博、微信公众号等。

年终总结会议结束后，公司要求小明将本次会议情况编辑成简讯（配图片），在新浪微博上进行宣传。小明从未使用过微博，接下来他要先申请一个微博账号，再尝试使用微博发布一条信息。

1. 注册微博账号

步骤 1：打开浏览器，进入新浪网首页，在首页的“主题指南”中单击“微博”，如图 2-107 所示。

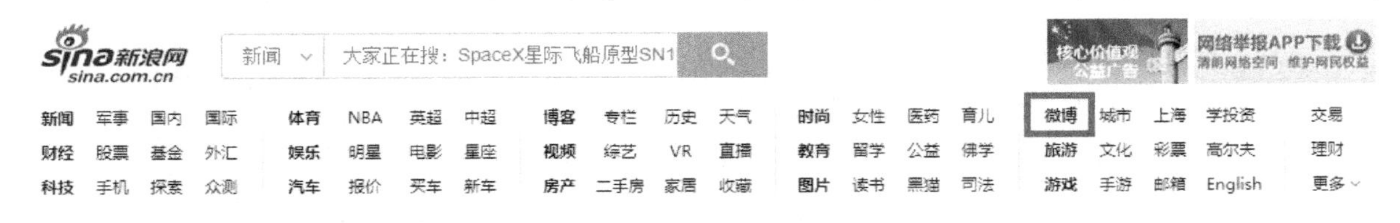

图 2–107 选择新浪微博

步骤 2：参考注册邮箱的过程，注册一个微博账号。

2. 编辑发布会议简讯

步骤 1：进入个人微博网页后，在置顶的“有什么新鲜事想告诉大家？”内填写要发布的信息内容，可以添加图片等内容，如图 2-108 所示。

步骤 2：填写完要发布的信息，单击右侧的“发布”按钮。注意，在发布信息前可以对所发布的微博可见范围进行设置，如图 2-109 所示。

图 2–108 填写发布的信息

图 2–109 设置可见范围

3. 自媒体发布原则

随着中国互联网的不断普及，中国互联网和移动互联网的发展逐步成熟，用网门槛不断降低，互联网产品越来越多地出现在我们的生活中。与此同时，移动端用户不断增加，达到 PC 端用户的数倍，他们在体验过程中，对于简单、快捷、趣味性的需求也随之增加。从碎片化阅读到短视频观看，中国的自媒体也飞速发展起来。

在网络上发布自媒体信息时，应遵循以下基本原则。

（1）真实性

在通过自媒体平台发布信息时要力求准确，与网友沟通时要客观真诚，面对网友质疑时要实事求是。

（2）简洁化

这是整个社会信息传播的趋势，受众越来越习惯和乐于接受简短的、直观的信息。

（3）宣传正能量

注重对正能量的宣传，以及对社会文化、文明礼仪的正确引导，为弘扬中华传统文化而努力。

试一试：原创抖音视频分享

抖音是一款音乐创意短视频社交软件，该软件于 2016 年 9 月 20 日上线，是一个面向全年龄段人员的音乐短视频社区平台。用户可以通过这款软件选择歌曲，拍摄音乐短视频，形成自己的作品，会根据用户的爱好，来更新用户喜爱的视频。

请同学们制作一个以学生学习生活为主题的短视频，并在抖音中发布。要求内容积极向上，内容及配乐符合主题要求。

学习检验

本任务的完成情况评价表见表 2-12，请你根据实际情况来填写。

表 2-12　完成情况评价表

任务要求	很好	好	不够好
能说出网络通信的定义			
能收发电子邮件			
能下载并安装腾讯会议软件			
能使用网盘上传和下载文件			
能使用微博编辑并发布自媒体信息			

学习小结

测试完成了。

张工说："小明，通过本次任务我发现你的自学和操作能力又提高了。"

小明说："谢谢您的夸奖！我把学习收获跟您说一下吧。"

张工说："好啊。"

表 2-13 是小明设计的学习总结表，请你根据自己的实际情况来填写。

表 2-13　学习总结表

主要学习内容	学习方法	学习心得	待解决的问题
整体总结：			

学习检测

1．电子邮件的简称是（　　）。

A．WWW　　B．FTP　　C．E-mail　　D．微信

2．张丽在注册电子邮箱时，需要设置密码。以下密码安全级别最高的是（　　）。

A．zhangli　　B．000000　　C．zh123　　D．Zhli123#&

3．以下不属于腾讯会议本地录制权限的是（　　）。

A．仅主持人可录制　　B．云录制

C．全体参会人员可录制　　D．允许部分参会人员录制

4．下列属于腾讯会议文档编辑权限的是（　　）。

A．全体参会人员可编辑　　B．仅主持人可上传

C．全体参会人员可上传　　D．允许部分参会人员编辑

5．下列不属于微博可见范围的是（　　）。

A．公开　　B．隐私　　C．好友圈　　D．仅自己可见

任务 2.5　运用网络工具

通过"运用网络工具"的学习，能运用网络工具进行多终端信息资料的传送、同步与共享；能初步掌握网络学习的类型与途径，并具备数字化学习能力；能了解网络对生活的影响，能熟练应用生活类网络工具；能借助网络工具通过多人协作完成工作岗位和生活实

践中的任务，并提高数字化学习与创新能力。

任务情境

小明说：“张工，咱们终于完成年终总结会的任务了，不轻松啊！上周例会的时候，领导说公司工作效率低的问题，具体是什么情况呢？”

张工说：“最近领导让各部门流水作业填写电子表格，总是有人拖拉，差点耽误重要项目的推进；有的部门以本地硬盘空间不足为由，删除了一些历史文件，上周领导要看这些文件时，才发现找不到了；上周销售部的小李因感冒请假，在家办公，居然以销售数据在单位的计算机中为由耽误了数据汇总。”

小明说：“我说领导最近怎么那么大火气，那他打算怎么解决呢？”

张工说：“领导让咱们部门利用这周例会的时间，给大家介绍如何利用网络工具提高工作效率，咱们需要准备一下。”

小明说：“没问题，我记得有句古语‘授之以鱼不如授之以渔’，咱们附带推荐几个学习这些技术的平台给员工们吧，这样岂不更好？”

张工说：“不错，孺子可教也！”

学习目标

1. 知识目标

（1）能叙述通过网络应用实现多部门协作办公的操作步骤。

（2）能描述通过存储设备或云盘应用实现文件同步与共享的流程。

（3）能阐述使用远程协助功能实现网络远程操作的流程。

2. 能力目标

（1）会运用网络工具进行多终端信息资料的传送、同步与共享。

（2）能熟练使用生活类网络工具完成实际工作中的任务。

3. 素养目标

通过不同的网络学习类型与途径，逐步培养学生数字化学习与创新能力。

活动要求

借助学习资料举一反三，通过小组探究式学习，完成对网络工具的运用。

任务分析

通过了解公司各部门在实际工作过程中遇到的困难，小明按照需求进行分类，准备将任务拆分成下列四个子任务。

（1）使用云协作功能实现多部门协同作业。

（2）划分存储空间，通过存储设备或云盘保存公司数据。

（3）使用远程协助功能实现网络远程操作。

（4）通过网络学习平台，掌握随时获取网络工具的方法，提高工作效率。

小明用思维导图的方式对任务进行分析，如图 2-110 所示。

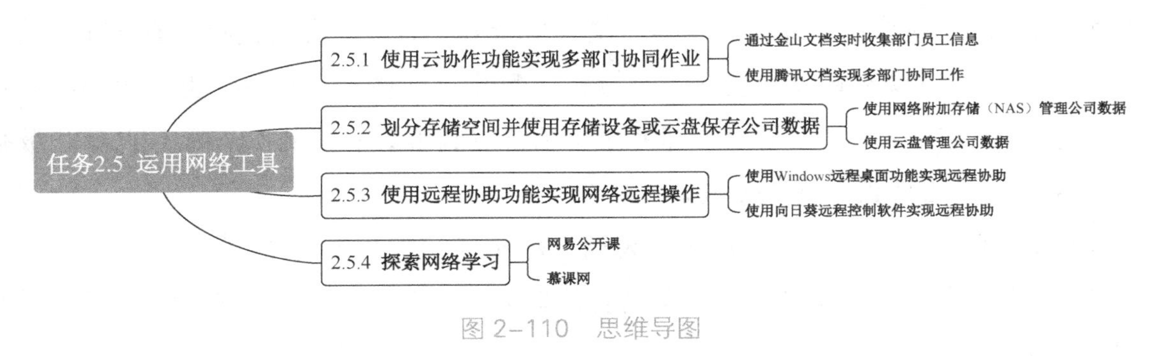

图 2-110 思维导图

任务实施

2.5.1 使用云协作功能实现多部门协同作业

云协作是一种新的办公方式，可以帮助团队成员实现文档的多人实时在线协作，满足企业的协同办公需求。同时，云协作还可以集成企业内部的业务系统，使企业通过云协作服务能够快速完成企业内部系统集成和业务流程办理等工作。

云协作中，能够解决当前企业流水作业填写电子表格需求的是协作文档功能。该功能支持多人同时在线编辑文档和表格，并在协作的过程中实时自动保存，也支持随时查看并恢复至任意的历史版本。

1. 通过金山文档实时收集部门员工信息

金山文档是一款可多人实时协作编辑的文档创作工具软件，可应用于常见的办公软件，如文字 Word、表格 Excel、演示文稿 PPT。该网络工具的主要功能和特点如下。

（1）多人协作

使用该网络工具生成文档链接后，可以通过设置权限让团队成员通过链接实时查看或编辑文档。

（2）安全控制

云端文件可以进行加密存储，发起者可以指定协作人，还可以设置使用权限、文件查看期限、查看次数等控制方式，最大限度地保证数据流转时不丢失。

（3）多格式兼容

可以通过网页在线预览的方式编辑文档，并且与计算机端、手机端软件无缝整合，随时切换。

（4）支持大型文件

目前，支持最大 60MB 的文件、超大表格文件和演示文稿文件。

（5）多平台使用

可在 Windows、Mac、Android、iOS、网页和微信小程序等平台上使用，一个账号可以在多个平台上管理文档。

小明向员工们讲解使用金山文档建立部门“出差申请单”的过程。

步骤 1：使用浏览器打开金山文档首页，单击“进入网页版”按钮，如图 2-111 所示。在本步骤中，也可以单击屏幕右上方的“下载”按钮，进入金山文档下载界面，选择对应的平台进行客户端下载，如图 2-112 所示。

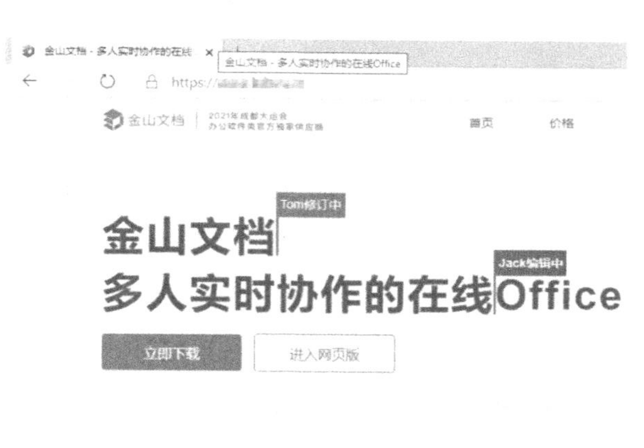

图 2-111　金山文档首页

步骤 2：在“账号登录”界面，选择“已阅读并同意隐私协议和在线服务系列协议”复选框，然后根据需求，选择账号类型进行登录，如图 2-113 所示。当前可以选择使用微信、手机短信验证码、WPS 账号、QQ、钉钉、小米、微博、教育云、第三方企业等方式进行登录。

图 2-112　金山文档下载界面　　　　图 2-113　“账号登录”界面

步骤 3：登录成功后，进入金山文档个人主界面，如图 2-114 所示。

步骤 4：单击屏幕左侧的“新建”按钮，选择“表单”，如图 2-115 所示。

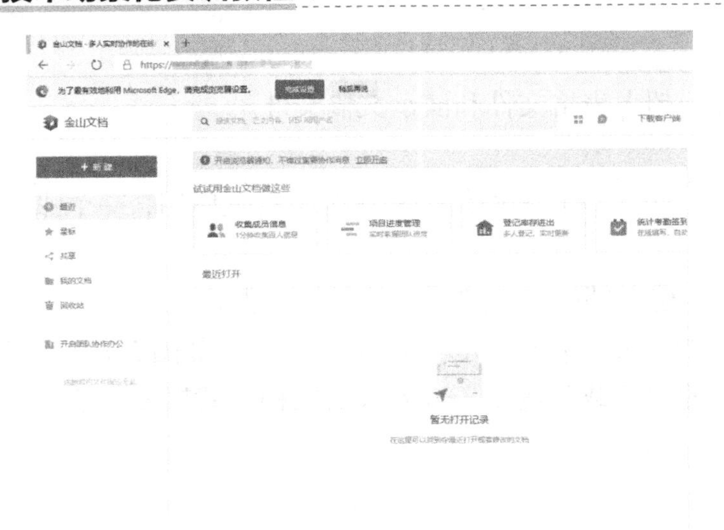

图 2-114　金山文档个人主界面

图 2-115　新建表单

步骤 5：表格的类型包括表单、考试、打卡三种，从“推荐应用场景”中，也可以找到多种类型的设计好的表格模板进行微调，如图 2-116 所示。

图 2-116　选择表单类型

步骤 6：单击“人事行政”类型中的“出差申请单”，调整内容并单击界面右侧的设置图标。在“设置”界面中，对表单的设置截止时间、填写者身份、填写权限、填写通知等内容进行填写或选择，然后单击“确定”按钮，如图 2-117 所示。

步骤 7：单击界面右侧的“完成创建”按钮，在接下来出现的界面中，根据需求选择“任何人可填”单选按钮，并选择适当的邀请方式，发送给所有员工，如图 2-118 所示。

步骤 8：员工通过分享链接，使用浏览器打开“出差申请单”，填写后提交，发起人实时收集协作文档数据，可通过单击“查看数据汇总表”，发送给公司领导，使其随时了解协作文档的数据，如图 2-119 所示。

图 2-117　设置表单　　　　图 2-118　创建成功

图 2-119　数据统计界面

2. 使用腾讯文档实现多部门协同工作

腾讯文档是一款可多人同时编辑的在线文档类网络工具，可以在计算机端（PC 客户端、腾讯文档网页版）、移动端（腾讯文档 App、腾讯文档微信/QQ 小程序）、iPad 等设备上随时随地查看和修改文档。这款工具支持在线编辑 Word、Excel、PPT、PDF 等多种类型文件。

小明继续向员工们介绍通过腾讯文档建立部门之间协同工作的方法。

步骤 1：使用浏览器登录腾讯文档首页，单击页面右上方的“下载”按钮，进入下载界面，如图 2-120 所示。根据需求选择对应版本的应用，在这里选择“Windows 版”。

图 2–120　腾讯文档下载界面

步骤 2：下载完成后，在当前用户的下载文件夹中找到文件（如在小明的计算机中存储位置是 C:\Users\XiaoMing\Downloads），双击安装程序，在弹出的“用户账户控制”界面中，单击“是”按钮，如图 2-121 所示。腾讯文档安装结束后会自动启动，进入腾讯文档登录界面，如图 2-122 所示。

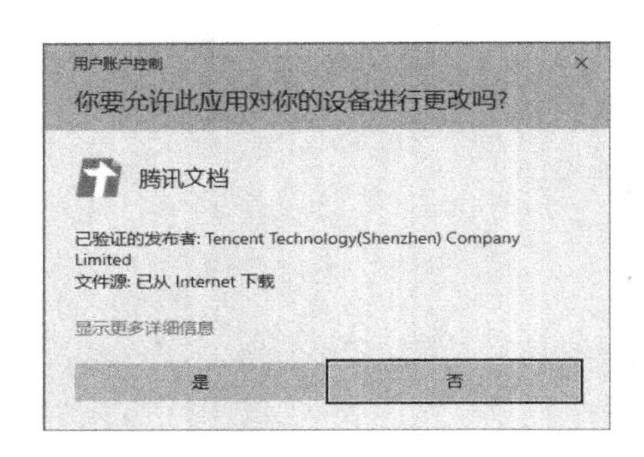

图 2–121　“用户账户控制”界面

图 2–122　腾讯文档登录界面

步骤 3：根据需要，选择适当的登录方式（QQ、微信、企业微信）进行登录。登录成功后，单击界面左侧的“新建”按钮，然后单击“通过模板创建”按钮，使用模板创建在线文档，如图 2-123 所示。

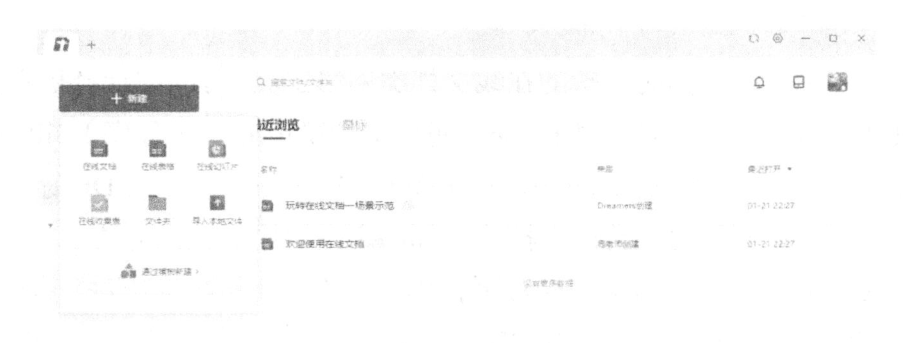

图 2–123　创建在线文档

步骤 4：在模板库界面中，公司统一使用“工作周报”模板完成各部门的工作周报，如图 2-124 所示。单击该模板，进入“工作周报”编辑界面。

图 2-124 模板库界面

步骤 5：在“工作周报”编辑界面，按照公司统一要求对内容进行微调后，单击窗口右上方的“分享”按钮，根据需求调整编辑文档的权限，设置为“仅我分享的好友”，并根据部门实际情况，选择分享给员工们的方式（如通过复制链接分享到部门员工的微信群），如图 2-125 所示。

图 2-125 分享在线文档

步骤 6：部门员工在收到文档的分享链接后，通过单击链接，申请对该文档进行编辑，文档发布人会实时收到编辑请求。发布人通过单击文档界面右上角的用户头像，打开通知界面，批准部门员工的编辑请求，即可实现部门协作完成在线文档的需求，如图 2-126 所示。

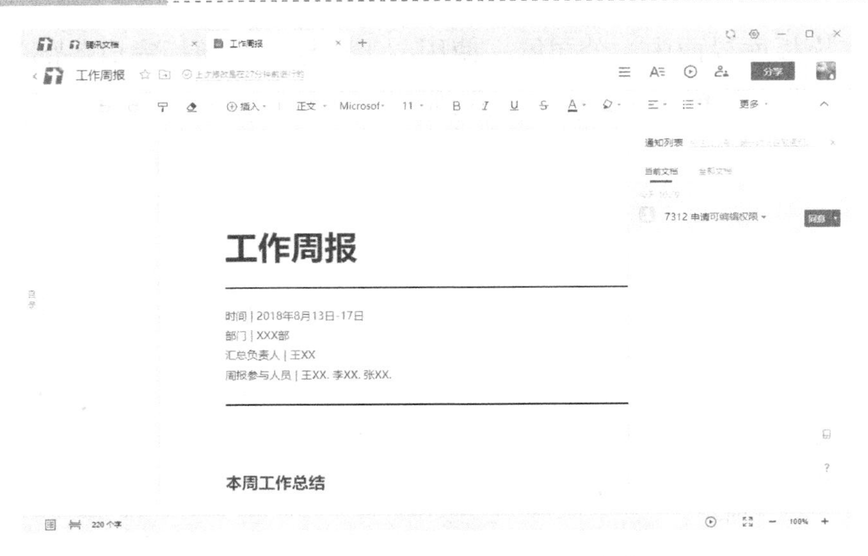

图 2–126　批准员工编辑文档请求

试一试：使用云协作功能完成班级活动设计方案

使用金山文档、腾讯文档等网络应用的云协作功能，完成班级主题活动的设计方案（如主题班会、新年联欢会、班团干部选举等）。建议将班内同学分组，共同完成设计方案，提高工作效率。在完成设计方案的过程中，体会云协作的强大功能。

2.5.2　划分存储空间并使用存储设备或云盘保存公司数据

随着公司业务的不断拓展，数据量已呈几何倍数增加。在保证公司数据安全性的前提下，如何进行实时性更新，如何依据不同部门员工的权限进行分享和使用，已经成为越来越多的企业所面临的问题。当前，采用网络存储设备或工具解决这类问题比较常见。

1. 使用网络附加存储（NAS）管理公司数据

网络存储一般指网络附加存储（Network Attached Storage，NAS），外观看起来是功能单一的精简型电脑，因此在架构上不像个人电脑那么复杂。如图 2-127 所示的是一款可以支持 2 块硬盘的网络附加存储；在它的背面通常只有电源和网络接口，通过标准的网络拓扑结构进行连接，如图 2-128 所示。

图 2–127　网络附加存储（NAS）前视图

图 2–128　网络附加存储（NAS）后视图

网络附加存储的最大存储容量，就是设备能够支持的最大硬盘数量乘以单个硬盘容量的值。这个值取决于设备的硬件规格，不同硬件的适用范围不同，存储容量也就不同。通常网络附加存储能达到 TB 级别的容量。以群晖（Synology）DiskStation DS1819+为例，这款配备 8 个磁盘槽的中小型企业 NAS 设备，在不进行额外扩充的情况下，存储空间可以达到 108TB。

小明使用群晖（Synology）DiskStation DS-3617xs 为公司设置存储设备。

步骤 1：小明通过 Synology Assistant 工具搜索到网络内的 NAS 设备，如图 2-129 所示。单击该 NAS 设备进入 NAS 设置界面，如图 2-130 所示。

图 2-129 搜索 NAS

图 2-130 NAS 设置界面

步骤 2：安装最新版的 NAS 设备操作系统（Disk Station Manager，DSM），对 NAS 设备进行配置与管理。

小明通过官网查找 NAS 设备的型号，下载了最新版的 DSM 软件，单击“浏览”按钮，选择下载的 pat 文件，然后单击“立即安装”按钮，如图 2-131 所示。在弹出的界面中，提示安装过程会将当前所有硬盘的数据删除，在勾选“我了解这些硬盘上的所有数据将被删除。”复选框后，单击“确定”按钮，如图 2-132 所示，开始安装。

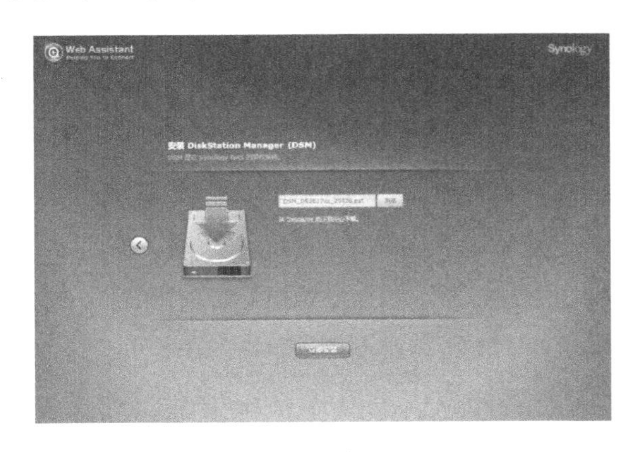

图 2-131 安装 DSM 界面

图 2-132 确认硬盘数据会被删除

步骤 3：安装结束后，NAS 会自动重新启动，系统提示无法连接，对于新用户，默认账户为“admin”，密码为空，单击“手动搜索”按钮，重新搜索当前网络中的 NAS 设备，如图 2-133 所示。

步骤 4：搜索成功后，进入 NAS 设备管理系统 DSM，检查设备运行状况和资源使用情况，完成对 NAS 的初始化配置，即可使用 NAS 设备进行数据存储，如图 2-134 所示。

图 2–133　无法连接提示

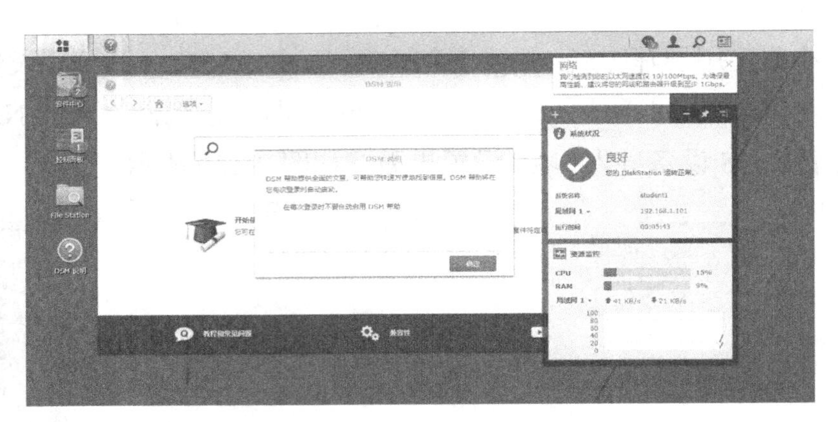

图 2–134　NAS 初始化配置完成

试一试

通过网络购物平台搜索客户需要的 NAS 设备。

2. 使用云盘管理公司数据

云盘是一种专业的互联网存储工具，是互联网云技术的产物，它通过互联网为企业和个人提供信息的存储、读取、下载等服务，具有安全稳定、海量存储的特点。云盘的特点包括：

通过网络购物平台搜索客户需要的 NAS 设备

（1）相比 U 盘和移动硬盘而言，存储空间更大，且云盘随着用户会员级别的变化，存储空间是动态提升的。

（2）文件资料可以通过云盘实现共享。当用户需要分享文件时，只需要通过提取码就可以实现分享。

（3）用户不需要随身携带自己存储的重要信息，需要时通过互联网将自己存储的重要信息从云端下载，下载之后即可直接使用。

（4）云盘支持文件或文件夹的直接上传，同时可以将其先进行压缩再上传。

小明以 360 安全云盘为例，向员工们讲解如何使用云盘管理企业数据。

步骤 1：使用浏览器，通过百度搜索或网址登录 360 安全云盘首页，如图 2-135 所示。

步骤 2：为方便使用，建议下载云盘客户端并安装到本地计算机中。单击页面上方的“下载”按钮，进入 360 安全云盘下载界面。根据当前计算机的操作系统类型，选择 Windows 中的 Windows 界面版，单击“下载界面版”按钮，如图 2-136 所示。安装 360 安全云盘客户端过程略。

图 2-135　360 安全云盘首页

图 2-136　360 安全云盘下载界面

步骤 3：360 安全云盘客户端安装成功后，启动 360 安全云盘客户端，使用已有的 360 账号、邮箱、手机号和密码进行登录；也可以通过单击界面右下方的“微信登录”，捆绑微信账号登录，如图 2-137 所示；还可以通过单击界面左下方的“快速注册”，通过绑定手机号的方式进行快速注册，如图 2-138 所示。

图 2-137　360 安全云盘登录界面　　图 2-138　注册界面

步骤 4：登录成功后，即可使用试用版，容量为 5GB，期限为 30 天，由于是新申请的账户，所以没有任何文件，如图 2-139 所示。

步骤 5：根据企业的部门结构，可以在云盘中，通过新建文件夹的方式建立各部门文件夹，用于存储企业各部门的数据，如图 2-140 所示。

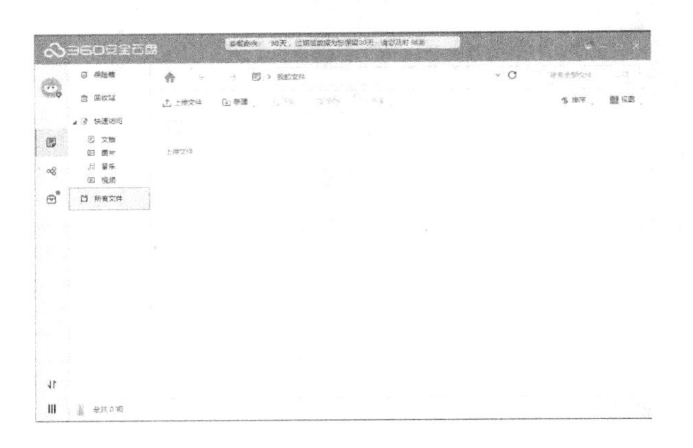

图 2-139　360 安全云盘主界面　　图 2-140　建立各部门文件夹

步骤 6：作为个人用户而言，可以直接对文件夹进行分享，通过右击文件夹或文件，选择分享，设置启用提取码，并根据需求设置分享有效期，用户可以通过分享人发布的链接查看或下载文件，如图 2-141 所示。

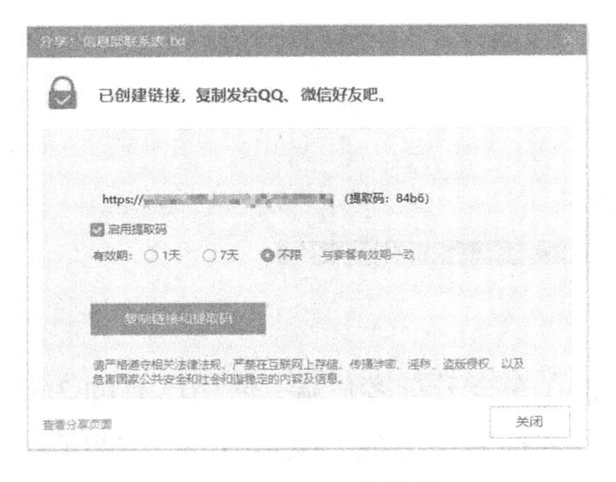

图 2-141　分享文件

步骤 7：作为企业级云盘账户，在工具箱中，可以通过企业管理中的成员管理，设置企业的团队结构，如图 2-142 所示。结构建立后，各部门主管领导可将本部门人员添加到团队中，为后续设置团队权限做准备。

步骤 8：在 360 安全云盘中，对建立好的企业各部门文件夹设置共享权限，如图 2-143 所示。至此，各部门员工使用 360 安全云盘，可以根据不同的部门权限，对文件夹中的文件进行使用和管理。

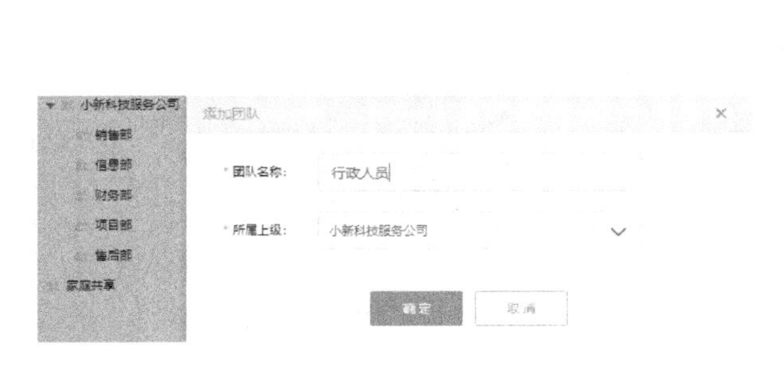

图 2-142　企业团队管理

图 2-143　设置文件夹共享权限

说一说：对比 NAS 设备和云盘的优缺点

通过本任务的介绍，同学们对 NAS 设备和云盘有了初步的认识，请同学们分组对 NAS 设备和云盘的优缺点进行对比和分析，并展开讨论。

2.5.3 使用远程协助功能实现网络远程操作

网络远程控制技术即利用一台计算机远距离控制另一台计算机，在控制的过程中，将 TCP/IP 网络数据通信作为基础，在两台计算机运行中，确保网络通信等各项功能可以顺利实现。

1. 使用 Windows 远程桌面功能实现远程协助

微软 Windows 操作系统自 Windows 2000 Server 版本开始提供远程桌面连接组件。当某台计算机（服务器端）开启远程桌面连接功能后，我们就可以在网络的另一端（客户端）控制这台计算机，即通过远程桌面功能我们可以实时地操作这台计算机，在上面安装软件，运行程序，所有的一切都好像是直接在该计算机上操作一样。通过该功能，网络管理员可以在家中安全地控制单位的服务器。

小明使用信息部的计算机为员工们展示使用远程桌面连接的操作方法。

（1）配置服务器端计算机

步骤 1：在服务器端 Windows 10 操作系统中，右击界面左下角的“开始”菜单，单击菜单中的“系统”选项，进入设置界面，单击界面左侧的“远程桌面”，进入远程桌面设置界面，如图 2-144 所示。

步骤 2：在远程桌面设置界面中打开“启用远程桌面”开关，在弹出的窗口中单击“确认”按钮，开启远程桌面功能，如图 2-145 所示。

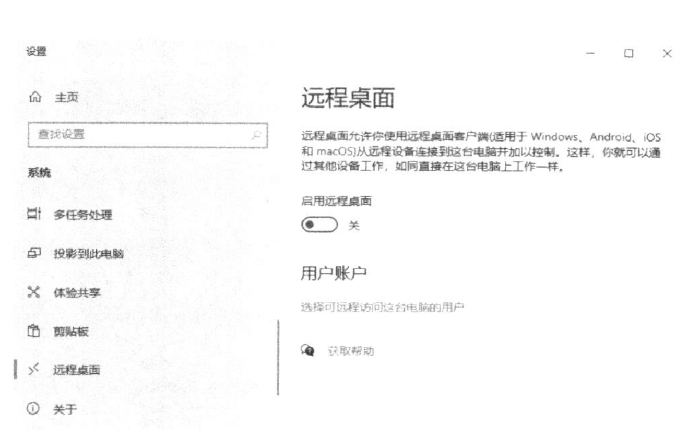

图 2-144 设置界面

图 2-145 远程桌面设置界面

（2）设置客户端计算机

步骤 1：在客户端 Windows 10 操作系统中，右击界面左下角的“开始”菜单，在任务栏中单击“搜索”按钮，输入“远程”，快速定位“远程桌面连接”工具，如图 2-146 所示。

步骤 2：启动远程桌面连接工具，输入服务器端 IP 地址（如：192.168.5.67），单击“连接”按钮，如图 2-147 所示。

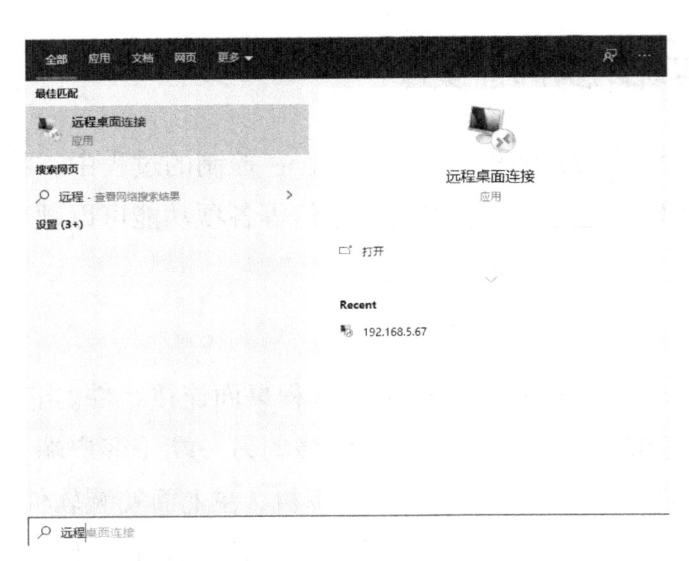

图 2-146　远程桌面设置

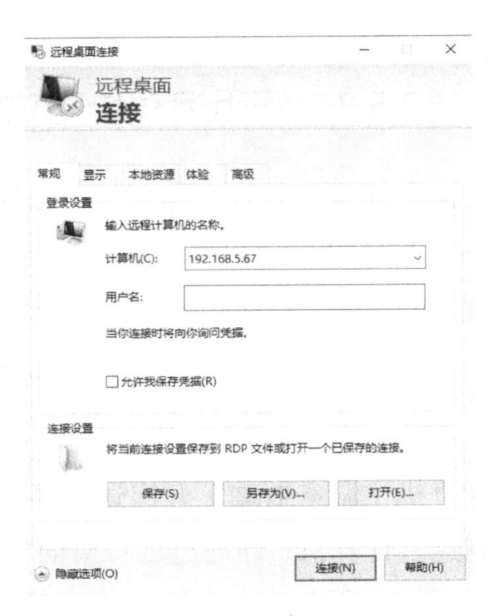

图 2-147　输入服务器端 IP 地址

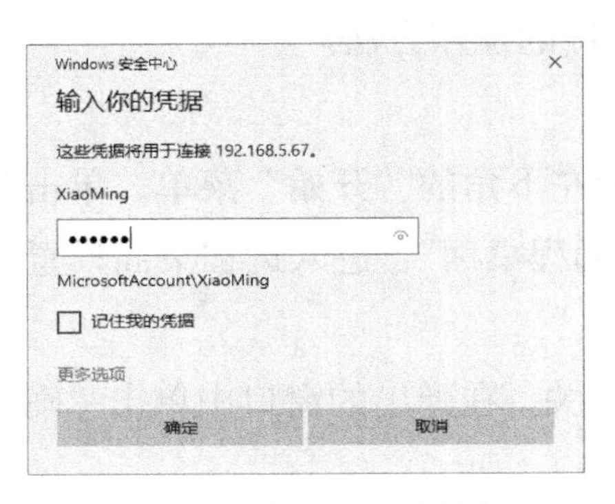

图 2-148　输入远程连接凭证

步骤 3：在弹出的 Windows 安全中心提示对话框中，输入服务器端用户 XiaoMing 的用户名和密码，然后单击“确定”按钮，如图 2-148 所示。

步骤 4：在弹出的无法验证身份提示对话框中，单击“是”按钮，如图 2-149 所示。通过查看远程桌面连接窗口中，服务器端计算机的系统参数，验证远程连接已经成功，如图 2-150 所示。

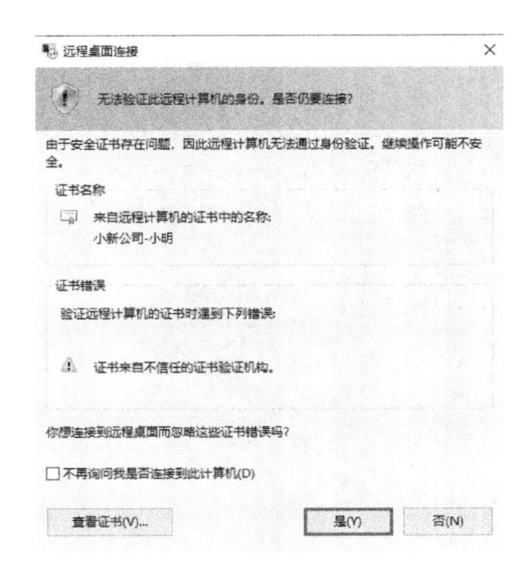

图 2-149　忽略证书错误

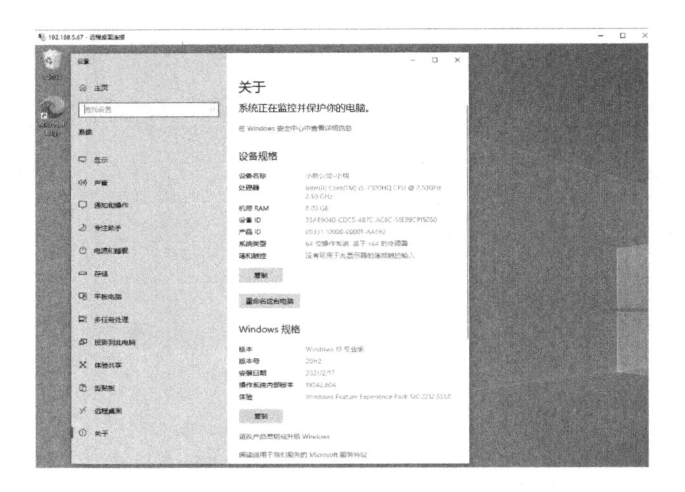

图 2-150　完成远程桌面连接

2. 使用向日葵远程控制软件实现远程协助

向日葵是一款远程控制软件。用户可在任何可连入互联网的地方，轻松访问和控制安装了向日葵客户端的设备，且目前支持通过计算机、手机等控制端的方式进行远程协助。

小明向员工们展示如何使用向日葵远程控制软件进行远程协助。

（1）服务器端计算机

步骤 1：在 Windows 10 操作系统中，启动浏览器，先通过百度搜索或直接登录向日葵远程控制软件主页，再单击页面上方的“下载”按钮，进入向日葵远程控制软件的下载界面，如图 2-151 所示。根据服务器端计算机的操作系统版本，单击“下载 64 位”按钮，将软件安装程序下载并安装到本地硬盘，安装过程略。

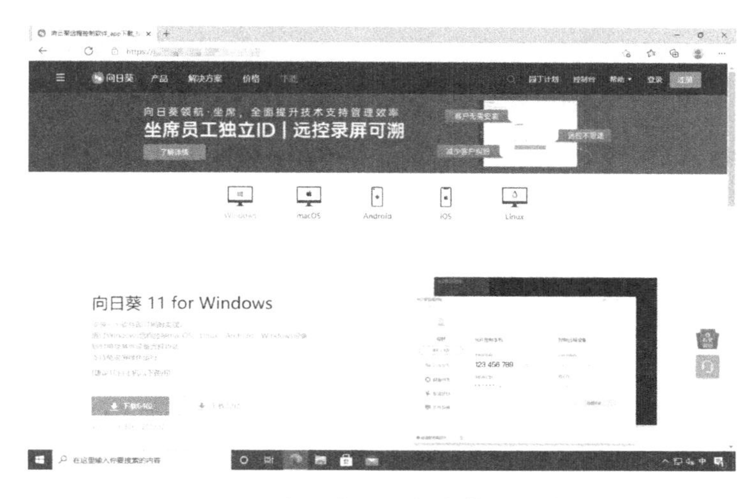

图 2-151　向日葵远程控制软件下载界面

步骤 2：运行向日葵远程控制软件，配置允许控制本机，设置本机验证码，将本机识别码和本机验证码发送给客户端计算机用户。为了提升远程控制软件的安全性，单击软件主界面右上方的命令按钮，在弹出的菜单中单击“设置”，如图 2-152 所示，进入安全设置界面。

步骤 3：在安全设置界面中，根据需求调整验证码，更新频率为“每次远控后”，如图 2-153 所示。

图 2-152　软件主界面　　　　图 2-153　安全设置界面

（2）客户端计算机

步骤 1：为客户端 Windows 10 操作系统安装向日葵远程控制软件，具体安装方法参照服务器端计算机的相关步骤。

步骤 2：启动向日葵远程控制软件，在控制远程设备中，输入服务器端计算机的识别码和验证码，然后单击“远程协助”按钮，如图 2-154 所示。

步骤 3：在远程协助界面上方，可以对本次远程协助进行语音、白板、录像等功能设置，也可以通过单击“更多”，调整桌面模式、显示模式等内容，如图 2-155 所示。至此远程协助设置成功。

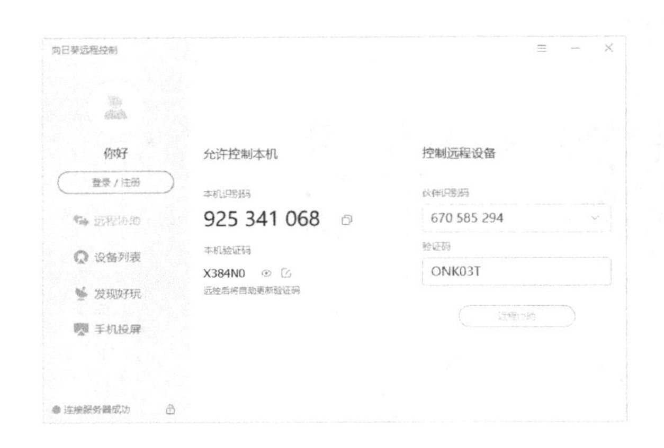

图 2–154　设置控制远程设备信息

图 2–155　远程协助设置成功

说一说：远程协助功能的应用场景

1. 作为公司员工，在哪种网络环境下，可以在家使用 Windows 10 操作系统自带的远程桌面连接功能，远程操作公司的计算机？

2. 通过小组探究式学习，探索如何提升远程协助功能的安全性？

2.5.4　探索网络学习

所谓网络学习就是指通过计算机网络开展的学习活动，它主要采用自主学习和协商学习的方式。相对传统学习活动而言，网络学习有以下三个特征：一是共享丰富的网络化学习资源；二是以个体的自主学习和协作学习为主要形式；三是突破传统学习的时空限制。

当前，网络学习平台作为主要载体，能为学生、企业提供实时和非实时的教学辅导服务。凭借该系统，管理者可以安排各类学习活动和学习者的学习过程。一般有灵活的课程管理、学习记录跟踪分析、班级和小组分组管理、课程资源管理等功能模块。网络学习平台目前包括免费学习资源、购买资源、在线课程、在线答疑等内容，为网络用户提供服务。

小明准备为员工们分享几个比较知名的网络学习平台，指导员工们登录平台，搜索并学习相关内容，供大家借鉴。

1. 网易公开课

2010 年 11 月 1 日，我国知名的门户网站网易上线了网易公开课，首批 1200 集课程上线，其中 200 多集配有中文字幕，用户可以在线免费观看来自于哈佛大学等世界级名校的公开课，可汗学院、TED 等教育性组织的精彩视频，内容涵盖人文、社会、艺术、科学、金融等领域。

步骤 1：使用浏览器搜索“网易公开课”或直接登录网站公开课首页，在页面的右侧，可以将鼠标移动到“客户端下载”处，用移动设备扫描二维码的方式下载网易公开课 App，方便用户在移动端学习，如图 2-156 所示。

图 2-156 网易公开课首页

步骤 2：单击“中国大学视频公开课”，找到感兴趣的课程，如“南开大学公开课：六大名著导读”，单击课程，即可进入课程首页，如图 2-157 所示。

步骤 3：单击想看的课程内容就可以观看了。为了能够实时记录所观看的内容，建议注册网易公开课用户。成功登录后，可以在评论区与师生共同交流心得，也可以将感兴趣的课程内容通过视频下方的“分享”按钮，分享给其他人，如图 2-158 所示。

图 2-157 课程首页

2. 慕课网

慕课网作为国内互联网 IT 技能学习网站，成立于 2013 年，是 IT 专业类在线教育网站，累计的视频课程已超过 3000 门，累计的用户数量已超过 2000 万。

图 2–158 观看课程内容

步骤 1：使用浏览器搜索“慕课网”或直接输入网址登录网站首页，如图 2-159 所示。

图 2–159 慕课网首页

步骤 2：单击页面上方菜单中的“免费课”，进入课程搜索界面，如图 2-160 所示。选择分类为“Python”，难度为“零基础”，在系统推送的课程列表中查找自己感兴趣的内容，单击某课程，即可进入该课程主页，如图 2-161 所示。

图 2–160 课程搜索界面

图 2-161　慕课网某课程主页

步骤 3：预览课程章节信息后，单击该课程主页右侧的“开始学习”按钮，即可开始学习，如图 2-162 所示。平台会要求用户先进行登录，再开始学习。

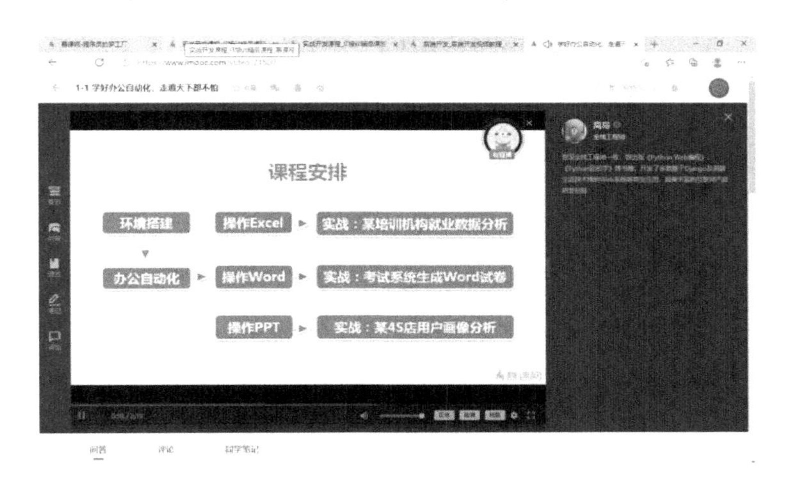

图 2-162　慕课网某课程学习页

试一试：使用网络平台获取知识，解决学习、生活中的问题

本任务中，小明向员工们介绍了两个网络学习平台。随着信息化时代的发展，网络学习已经逐渐走进了我们的日常生活中。目前，还有一些网络平台值得大家关注，如中国大学 MOOC、51CTO 学院等。

请同学们结合自己的专业，通过网络学习平台，学习一项专业技能和一项生活技能，并在家长及全班同学面前进行展示和分享。

学习检验

张工说：“小明，今天给员工们讲的内容很不错，大家反馈很好。”

小明说：“谢谢张工！是您指导我以后咱们共同做的准备。”

张工说：“领导让咱们设计一个自评表，让听课的员工们来填写，咱们商量一下。”

本任务的完成情况评价表见表 2-14，请你根据实际情况来填写。

表 2–14　完成情况评价表

任务要求	很好	好	不够好
能使用云协作功能收集部门的重要信息			
能使用协作文档进行团队多人协同作业			
能说出 NAS 设备的功能和作用			
能使用云盘功能保存和分享数据			
能使用 Windows 远程桌面功能实现远程协助			
能使用第三方远程协助软件实现远程协助			
能通过网络学习获取专业技能和生活技能			

学习小结

通过本任务，同学们能运用网络工具解决工作过程中出现的问题，能极大地提高工作效率。学习这些内容后，同学们应当清醒地认识到，用户使用网络工具的同时，更需注重其本身的稳定性和安全性，只有在保证稳定和安全的前提下，网络工具才能发挥其最大的优势。

表 2-15 是小明设计的学习总结表，请你根据自己的实际情况来填写。

表 2–15　学习总结表

主要学习内容	学习方法	学习心得	待解决的问题
整体总结：			

拓展学习

1. 使用 OneNote for Windows 10 提高工作效率

OneNote 是一款数字笔记应用软件，能够将家庭、工作场地或者学校中需要记录和管理的一切事项搜罗其中。在 OneNote 中，笔记本不会“缺纸”，可以随时将照片、音视频等内容囊括其中；笔记本中记录的信息可以联机存储到个人云存储空间（OneDrive）中，在各种信息设备之间随心所欲地传递。OneNote 已经免费预装在 Windows 10 操作系统中。

步骤 1：在 Windows 10 操作系统中，单击左下角的“开始”菜单，通过搜索找到 OneNote for Windows 10 软件，如图 2-163 所示。

步骤 2：启动该软件，确认自己的 Windows 账户身份后，单击“入门”按钮，如图 2-164 所示，进入该软件。

图 2–163　找到软件

图 2–164　启动软件

步骤 3：在 OneNote 软件的窗口左侧，创建属于你自己的笔记本结构，添加“数学课”“信息技术课”两个分区，如图 2-165 所示，在“信息技术课”分区中，新建笔记内容。

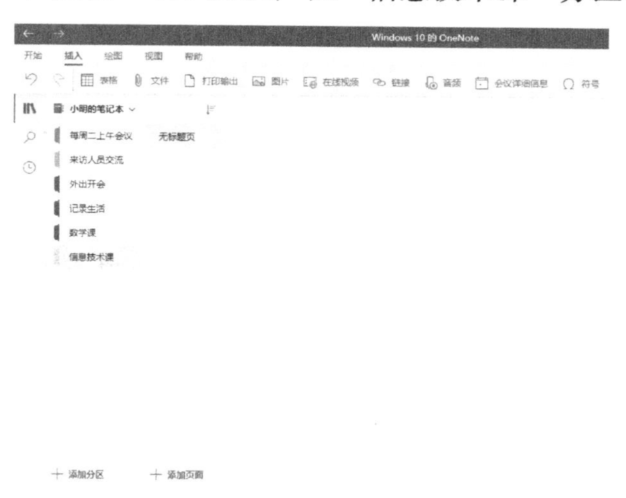

图 2–165　创建笔记本结构

步骤 4：在笔记中，记录标题、内容，通过“插入”菜单，添加录音、链接、图片，通过绘图菜单，使用荧光笔、彩虹笔做标记，如图 2-166 所示。OneNote 笔记默认保存至微软个人云存储空间中，确认自动同步设置，软件自动同步笔记本，所以只需保持网络畅通，笔记内容便会实时同步更新，如图 2-167 所示。

图 2–166　记录笔记

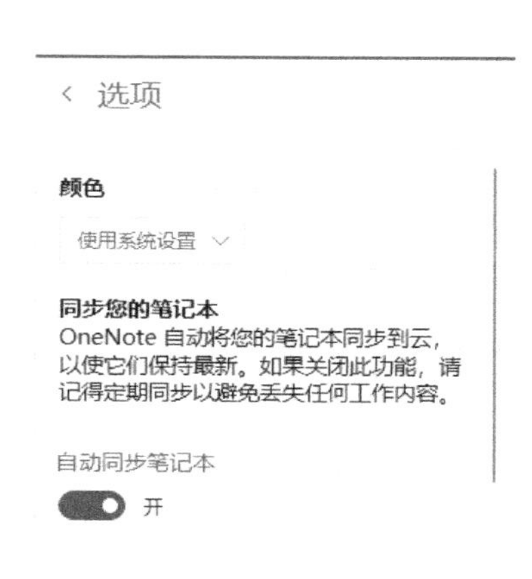

图 2–167　确认自动同步设置

试一试：使用云笔记软件记录学习和生活中的信息

通过上面的拓展学习，同学们对云笔记软件已有初步的认识，当前有许多云笔记软件，如飞书、印象笔记、有道云笔记等。请同学们通过分组探究式学习，使用任意一款云笔记软件记录学习或生活中的信息，在全班进行分享，对比软件之间的功能差异，提高职业发展所需要的终身学习能力。

2. 使用第三方支付平台，享受便捷生活

支付宝（中国）网络技术有限公司是国内的第三方支付平台，致力于提供简单、安全、快速的支付解决方案。该公司旗下有“支付宝”和“支付宝钱包”两个独立品牌。

图 2–168　支付宝首页

作为中等职业学校的学生，同学们生活在“互联网+”的时代，需学会通过第三方支付平台完成生活缴费等工作。

步骤 1：使用移动端下载支付宝 App，阅读隐私保护提示，单击“同意”按钮，如图 2-168 所示。使用手机号或者邮箱登录支付宝。

步骤 2：在支付宝首页中，有许多和生活相关的功能，单击“市民中心”，即可了解。

步骤 3：支付宝 App 根据用户所选地区位置，推送相应的“市民中心”内容。例如，北京市推送“北京通”，如图 2-169 所示，上海市推送“随申办”，广州市推送“穗好办”。

步骤 4：单击“生活缴费”，可以通过添加缴费账户完成生活缴费，如图 2-170 所示。在医疗健康界面，可以预约挂号、在线问诊等，如图 2-171 所示。

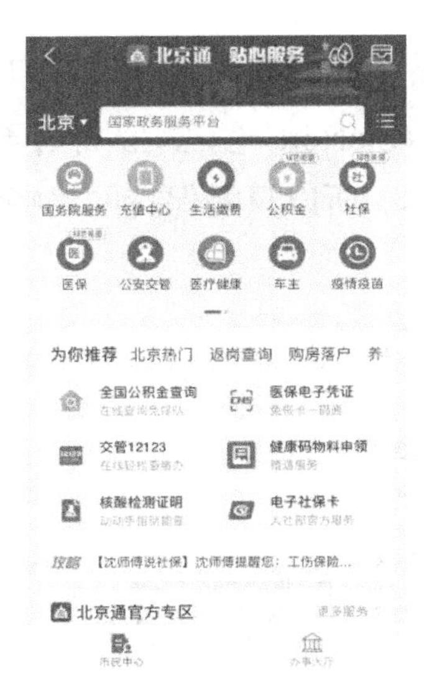

图 2–169　北京通

图 2–170　生活缴费界面

图 2–171　医疗健康界面

学习检测

1. 金山文档云协作功能不包括（　　）。

A. 协同作业　　B. 收集信息　　C. 设计试卷　　D. 网络存储

2. 通过云盘的（　　）功能，可以让其他用户查看或下载文件夹或文件。

A. 上传　　B. 下载　　C. 分享　　D. 移动

3. 网络附加存储的英文缩写是（　　）。

A. SAN　　B. DNS　　C. DSM　　D. NAS

4. 客户端使用 Windows 10 远程桌面连接程序需要（　　）凭证。

A. 服务器端 IP 地址、授权的用户名和密码

B. 客户端 IP 地址、本地用户名和密码

C. 客户端 IP 地址

D. 服务器端 IP 地址

5. 网易公开课等网络平台的学习资源，可以分为（　　）。（多选）

A. 免费资源　　B. 付费资源　　C. 可下载资源　　D. 在线课程

图文编辑

主题项目　制作宣传册

项目说明

亲爱的读者，当你上网浏览新闻时，当你收到学校或单位的通知时，当你看到微信朋友圈晒出的 H5 宣传片时，当你在餐馆打开菜单点餐时……你可曾注意到，这些信息都是图文编辑的成果。

图文编辑狭义地说是指使用办公软件（如 Word、WPS 等）进行图、文、表等元素的混合排版。广义地来说，图文编辑泛指当今信息社会中，使用计算机、移动终端等设备进行编辑的图、文、表（也包括多媒体素材）的混合排版。

随着信息技术和移动通信的发展，传统的办公方式越来越多地被移动办公方式所取代，传统的生活方式在互联网的影响下变得越来越便捷，图文编辑软件越来越多且功能越来越强大。除了较为常见的企业管理经营中使用的办公文案，越来越多的企业需要进行公众号内容推送、产品宣传等。所以，图文编辑对我们生产和生活越来越重要。

希望你通过完成本项目的学习，能了解常用图文编辑软件，了解图、文、表等元素的属性设置，了解混合排版，在工作和生活中勇于尝试更多的图文编辑软件，体验信息技术发展给我们生产和生活方式带来的变革。

项目情境

随着各项工作准备就绪，小新科技服务公司开始进入正式运营阶段。为宣传企业、开拓业务，小新科技服务公司计划设计制作《企业宣传册》，宣传册内容包括企业简介、业务介绍等。

下面我们将和学习者小明一起，通过参与《企业宣传册》的设计制作，了解常用图文编辑软件的具体操作并体验文案工作的常见流程。

任务3.1 操作图文编辑软件

以编排《企业宣传册》为具体任务，以“WPS 文档”软件为例，掌握常用图文编辑软件及工具的功能和特点，并能根据业务需求综合选用；会使用不同功能的图文编辑软件来创建、编辑、保存和打印文档；会进行文档类型的转换与文档合并；会查询和校对，以及修订和批注文档信息；会对文档进行信息加密和保护。

任务情境

今天一上班，小明就被公司总经理邵总叫到了办公室，邵总说：“小明呀，近期有部门跟我提出一个迫在眉睫的需求，就是在开展各项业务时需要向合作单位进行公司介绍。但目前咱们没有什么展示资料，只能跟对方口述，显得很不正式。你来设计个宣传册怎么样？”

宣传册？小明在记忆中迅速搜索，他见过很多宣传册，培训宣传、旅行推广……这些宣传册有书本装订式的、有折页的、有薄薄几页的、有图文并茂彩色印制的，还有其他形式的宣传手段，比如企业公众号推广等。

“好的邵总，宣传册的内容包括公司简介、经营范围、联系方式等，我理解的对吗？”

“没错儿，内容要全面并简洁明了，你可以试着站在对方的视角，看看如何呈现更好。”邵总拍了拍小明的肩膀，说：“这个任务就交给你啦年轻人，三天内完成，没问题吧？加油！”

小明回到办公室，开始研究宣传册所需的资料和工具软件……

学习目标

1. 知识目标

（1）掌握常用图文编辑软件及工具的功能和特点，会使用不同软件来创建、编辑、保存和打印文档。

（2）会进行文档类型的转换与文档合并；会查询和校对，以及修订和批注文档信息。

（3）能对文档进行信息加密和保护。

2. 能力目标

（1）能建立编排《企业宣传册》的信息技术模型，能寻求恰当方式获取信息资源。

（2）能选用适合的软件与工具处理信息资源，并进行《企业宣传册》的初步编排。

3. 素养目标

（1）培养学生利用信息技术解决问题的意识、计算思维、数字化学习创新意识。

（2）培养学生遵守信息法律法规及社会道德规范的意识，并强化信息隐私及公共信息安全意识。

活动要求

借助学习资料开展自主学习，以“WPS 文档”软件为例，了解常用图文编辑软件的功能和特点；进行实践练习，并完成《企业宣传册》的资料收集和文件创建。

任务分析

“工欲善其事，必先利其器”。

为做好宣传册的编辑排版，小明打算一边研究各种排版软件，一边对宣传册进行实际编排，边学边做，以便最终完成一份 WPS 文档的初排稿，如图 3-1 所示。

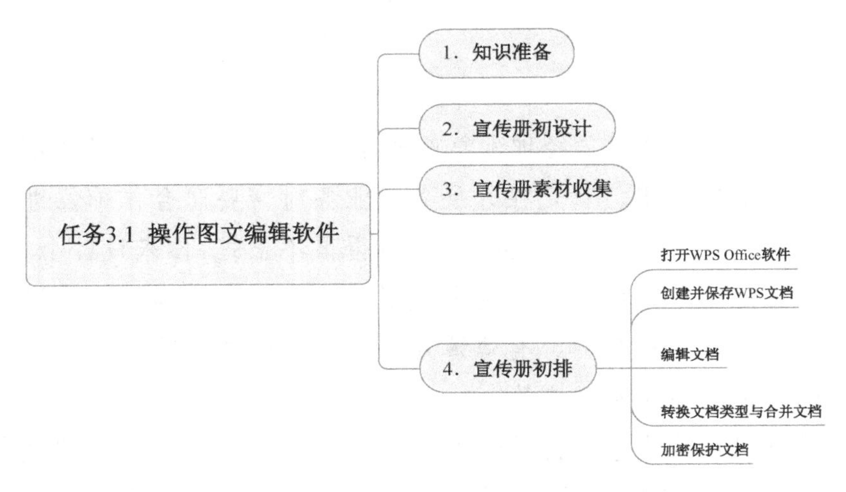

图 3-1 任务分析图

任务实施

1. 知识准备

为做好宣传册的编排，小明通过网络对相关知识进行深入学习，充分了解企业宣传册的作用、设计要素等；对制作《企业宣传册》的图文编辑软件及工具等，上相关网站进行充分了解。

2. 宣传册初设计

宣传册是常见的企业宣传工具，作为展示公司业务的载体，宣传册能更好地讲述品牌故事，介绍产品及核心服务，由于其设计精美、内容丰富，所以在企业宣传中得到广泛应用。

根据公司实际情况，小明向邵总建议采用三折页宣传册，它带给用户的体验较好且性价比较高。

三折页是双面印刷在一张纸上的印刷品，经过两次折叠形成三个部分，折叠后的三折页大小为原大小的三分之一，而且只能看到封面与封底两页，打开后才能看到内页。

三折页宣传册每面的三个部分自成一页，所以每面有三页，正反两面一共有六页。三折页宣传册样例如图 3-2 所示。

图 3-2　三折页宣传册样例

三折页宣传册的尺寸一般为 16 开（210mm × 285mm）和大 8 开（285mm × 420mm），这两种尺寸的宣传册使用比较方便，不会因为太小而导致阅读不便，也不会因为太大而导致携带不便。异数开（非标准开数）由于成本较高一般不采用。

经过讨论，小明确定了以下宣传册的细节。

- 成品尺寸：210mm × 95mm，展开尺寸：210mm × 285mm，采用 157g 亚粉纸工艺，4C+4C 印刷，切成品、折页。设计时保留出血位 3mm，设计纸张的宽为 291mm，高为 216mm。三折页尺寸如图 3-3 所示。
- 内容设计：图文结合，图占内容的 60%左右；辅以线条与背景图以增加生动性，预留空白以增加宣传册的可读性与美观度。
- 色彩搭配：以蓝、白为主色系，突出科技公司的特性；以灰色调做过渡，显得更为自然。

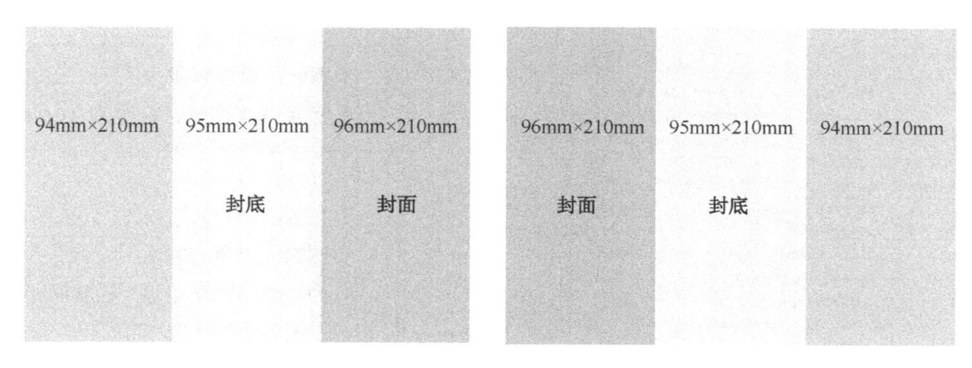

图 3-3　三折页尺寸

小知识：出血位

出血位是指设计中的作品边缘区域，设计时一般会加大产品外尺寸的图案，在裁切位加一些图案延伸，以避免裁切后的成品露白边或者裁到内容，即印刷时为保留画面有效内容而预留出的方便裁切的部分。出血位一般不超过 3mm。

- 字体选择：为增加可读性，选择线条清晰、角度圆润、感觉明亮的微软雅黑字体。
- 图形图像：选择公司办公实景高清图片，辅以跨页背景以增加生动性。

3. 宣传册素材收集

根据设计初稿的需要，小明开始收集并整理资料。将文字资料使用“复制”“粘贴”功能整理到 WPS（或 Word）文档中；搜集和拍摄业务照片；通过网络搜索引擎及相关素材网站搜集背景图等。将以上资料保存在一个文件夹中，文件夹命名为“企业宣传册”。

小提示：擅用文件夹提高工作效率

为提高工作效率，我们应该养成将文件分门别类存放的习惯，可根据个人习惯将文件按照类型、日期等进行分类，这样在查找文件时可达到事半功倍的效果。

完成某个项目工作时，可设置单独的文件夹并在命名时包含项目名称，项目文件夹下可根据需要设置子文件夹。

4. 宣传册初排

小明和邵总经讨论确定了每个页面的主要内容。

第一页：封面，公司名称

第二页：公司简介

第三页：主营业务介绍

第四页：业务图片展示

第五页：技术服务特点说明

第六页：封底，公司信息（公众号二维码、联系方式）

经过基础知识的学习和素材准备，小明对文本内容进行了简单排版，效果如图 3-4 所示。下面让我们和小明一起进行排版。

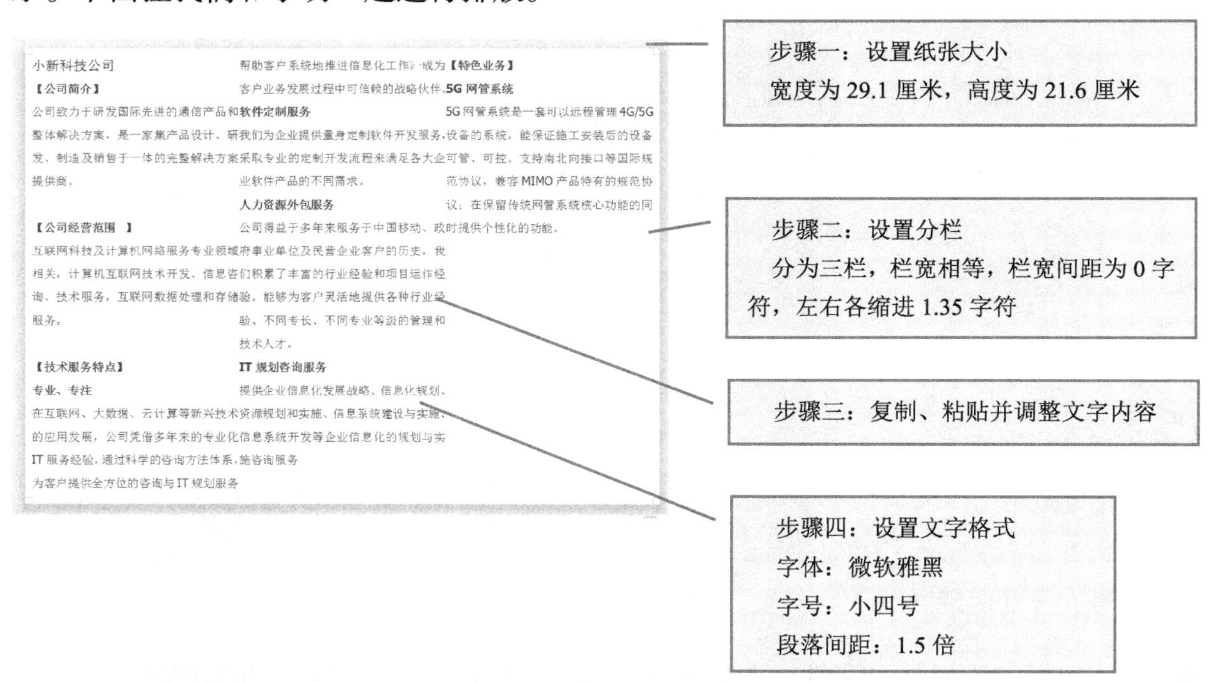

图 3-4　初排效果图

（1）打开 WPS Office 软件

要打开 WPS Office 软件，可以双击桌面上的 WPS Office 图标，也可以在“开始”菜单中单击“所有程序”选项，然后单击“WPS Office”文件夹中的“WPS Office”选项。小明打开后的窗口如图 3-5 所示。

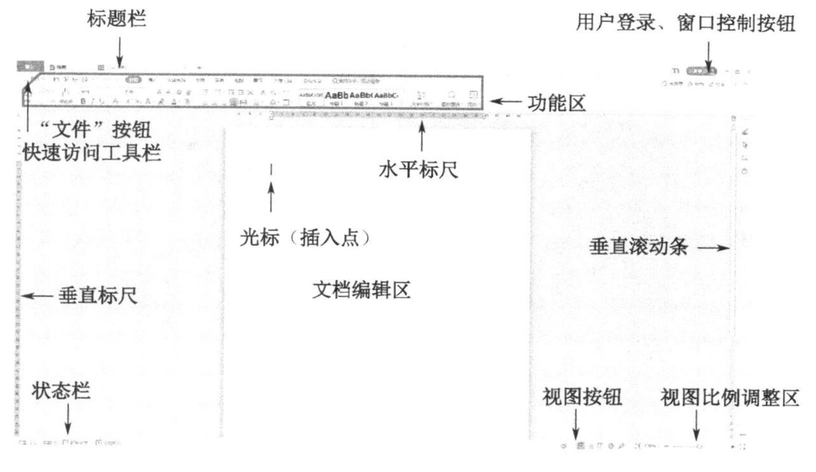

图 3–5　窗口

单击窗口右上角的“访客登录”即可进行注册和登录，可以使用微信、钉钉、QQ、WPS 等多种账号登录。不登录也可以使用 WPS 软件，但为了拥有更多的用户体验和功能选择，小明选择用微信登录。

（2）创建并保存 WPS 文档

创建新文档可以使用命令按钮，单击窗口左上角的“新建”按钮，选择“新建空白文档”即可新建一个 WPS 文档。创建文档也可用“Ctrl+N”快捷键完成。

小明单击“文件”按钮，选择“保存”选项，在出现的对话框中选择要保存文件的文件夹位置并设置文件名为“企业宣传册”，单击“保存”按钮即可。保存文档也可用“Ctrl+S”快捷键。保存后的文档全称为“企业宣传册.docx”，其中的“docx”为其扩展名，如图 3-6 所示。

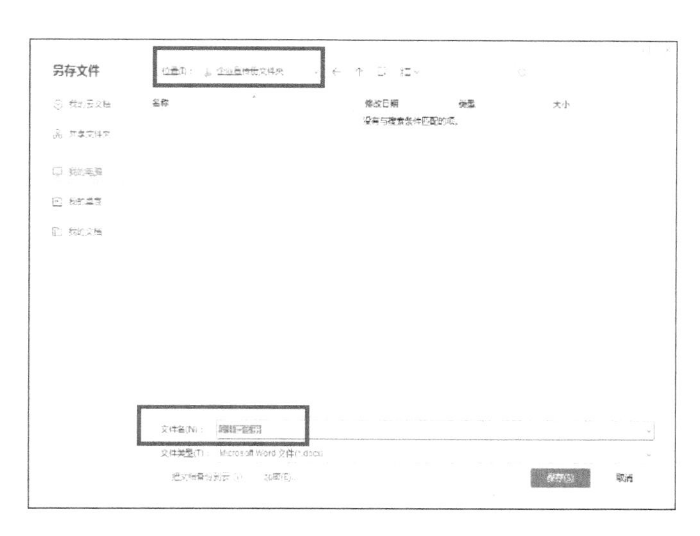

图 3–6　“另存文件”对话框

（3）编辑文档

编辑文档是完成宣传册制作的重头戏，排版效果直接影响成品的美感和观者的感受，小明心中明白这部分操作要“大处着眼、小处入手”，也就是说，既要关注整体美感又要重视细节。小明计划使用跨页面背景图，所以需要三个小页联排，他计划先设置页面为三个页面联排大小，然后对页面进行“三分栏”，再对每个分栏的内容进行单独排版。计划确定后小明开始着手实施。

小知识：安装 WPS Office 软件

登录 WPS 官方网站，在网页中找到“WPS Office PC”字样，单击其下方的“立即下载”按钮，即可将 WPS Office 软件下载到本地计算机中。然后双击下载的文件，按操作提示安装软件。软件一经安装即可长期使用，不用重复安装。使用过程中需随时关注 WPS 官网，下载并更新软件版本。

- 页面设置

WPS 默认纸张大小为 A4 纸尺寸，根据任务需要将纸张设置为三折页尺寸，操作如下：

单击窗口上端的“页面布局”选项卡，单击“纸张大小”按钮并单击列表中的“其他页面大小（A）...”选项，弹出“页面设置”对话框，如图 3-7 所示，在“纸张”选项卡的“纸张大小”选区，单击下拉按钮，选择“自定义大小”选项，设置宽度为 29.1 厘米，高度为 21.6 厘米。

在窗口上端的“页面布局”选项卡的“页边距”选区，将“上、下、左、右”四个数值都设置为 3 毫米，将页边距设置为出血位的大小，这样做的好处是可在制作过程中随时预览打印效果。

制作三折页宣传册需对每个折页进行单独编辑，因此需要将页面进行分栏设置：单击“页面布局”选项卡，单击“分栏”按钮，选择“更多分栏”选项，在弹出的对话框中选择“三栏”选项，并将间距设置为 0 字符（即相邻两栏之间没有间距），单击“确定”按钮，分栏就设置好了，如图 3-8 所示。

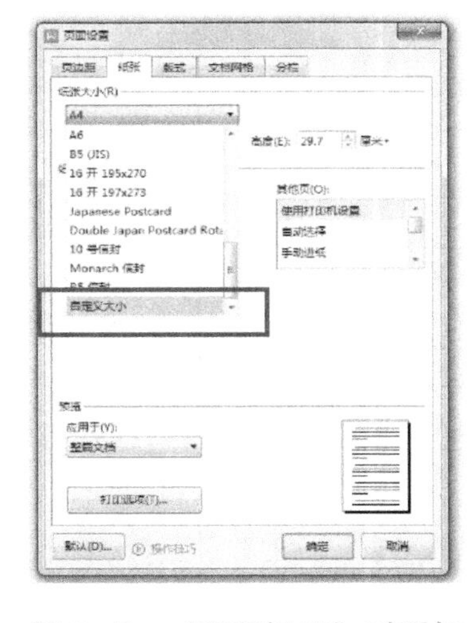

图 3-7 “页面设置”对话框

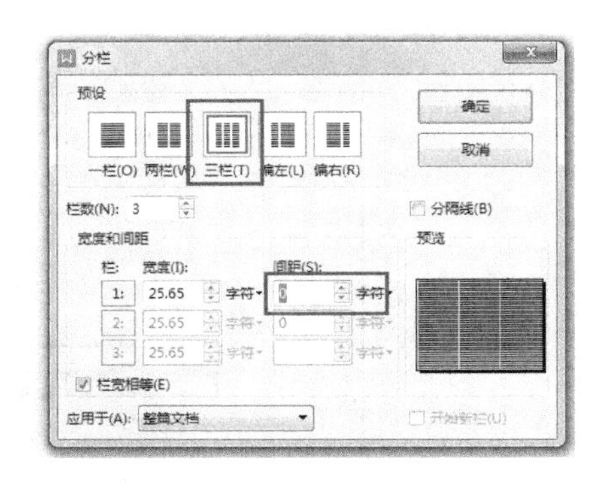

图 3-8 “分栏”对话框

分栏情况可在编辑区上端的标尺位置看到，如果标尺位置未显示分栏情况，则在“视图”选项卡中将“标尺”前面的复选框选中即可。

分栏后的页面从左到右分为三部分。制作三折页宣传册需要设计 P1 至 P6 共六个页面，其中，P3 为封面，P2 为封底，其他页面为内容页，如图 3-9 所示。

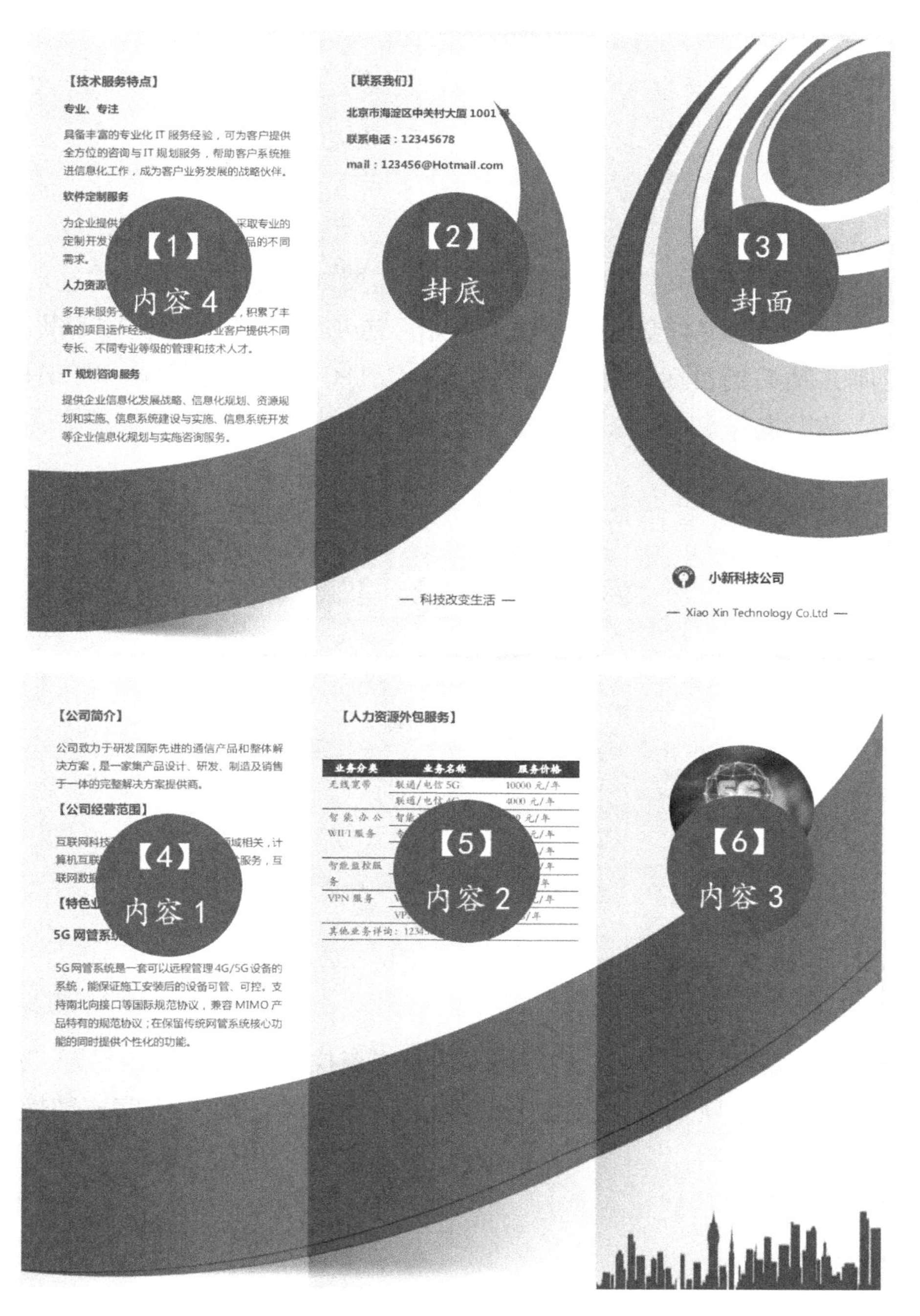

图 3-9 三折页各页面内容示意图

印刷后的宣传册从封面到封底的阅读顺序分别为第 3、第 4、第 5、第 6、第 1、第 2 页。

● 输入内容

在文档中输入宣传册的标题“小新科技公司”，即可在插入点输入相应的内容。

> 小知识：插入符号、公式等
>
> 输入内容时，除常见的英文、数字、汉字以外，如果需要插入一些特殊符号、数学公式等，则需要按如下方式完成。
>
> 单击“插入”选项卡，即可出现各种“非文本”的内容图标。例如，单击“符号”按钮，在打开的“符号”对话框中选择需要的符号；单击“公式”按钮，即可进入公式编辑状态；图片、表格、形状、批注、页眉、页脚、艺术字、文本框等，也可以在此选项卡中选择插入。

- 复制、粘贴操作

打开预先整理好的配套文档“公司资料”，将需要的内容复制并粘贴过来，操作方法如下：使用“Ctrl+A”快捷键可全选，使用“开始”选项卡中的“复制”“粘贴”选项，可将选中的内容复制并粘贴到目标位置，也可使用“Ctrl+C”快捷键复制、“Ctrl+V”快捷键粘贴来完成复制、粘贴操作。复制、粘贴后的效果如图 3-10 所示。

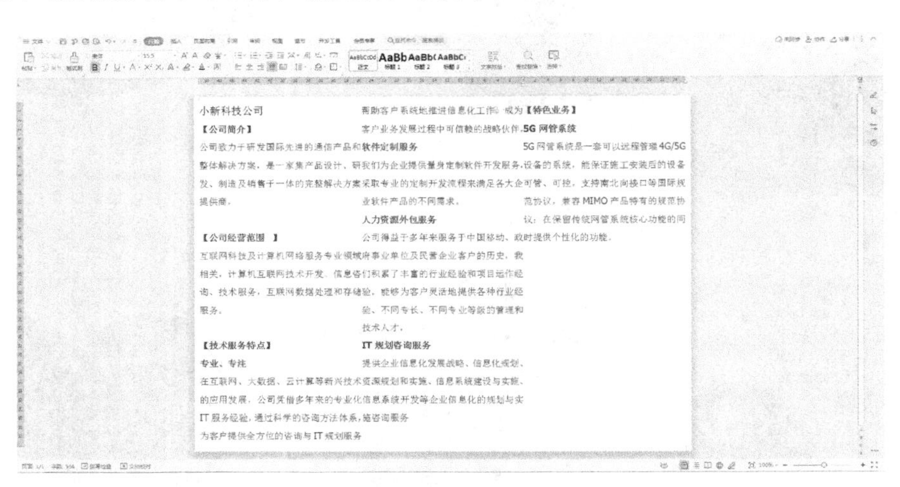

图 3-10　公司简介

- 查询、替换、删除操作

检查文本内容，单击“开始”选项卡，单击“查找替换”按钮，打开“查找和替换”对话框，可在“查找”选项卡中完成查找操作，在“替换”选项卡中完成替换操作。将“小新公司”替换为“公司”的操作如下：在“查找内容”输入框和“替换为”输入框中分别输入“小新公司”和“公司”，单击“全部替换”按钮即可完成文本替换，如图 3-11 所示。

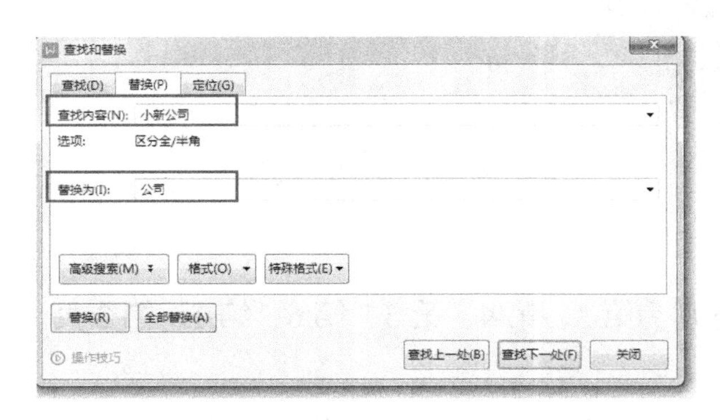

图 3-11　“查找和替换”对话框

若需要删除内容，则分别单击键盘上的 Delete 键和 Backspace 键，即可分别删除光标所在位置之后和之前的一个字符。若需要删除很多字符，可先选定要删除的内容，再单击 Delete 键。选取某个区域内容的操作如下：用鼠标在选区起始位置单击，按下鼠标左键的同时拖动鼠标选中内容，直到选区结束的位置松开鼠标左键即可；也可通过 Shift 键与“上、下、左、右”四个箭头键的配合，完成某个区域内容的选取。

若需增加内容，则将光标移动到对应的位置并单击，确定插入点，然后输入内容即可。

● 校对、修订和批注文档

单击“审阅”选项卡（如图 3-12 所示），单击“拼写检查”按钮，检查文档中的拼写错误；单击“文档校对”按钮，对文档内容进行校对。

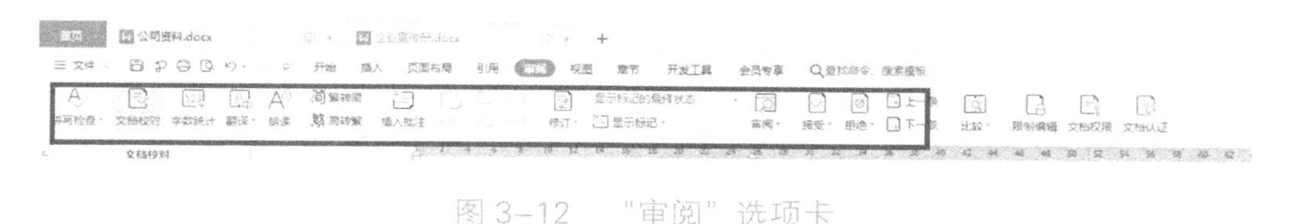

图 3–12 “审阅”选项卡

单击“修订”按钮并设置“显示标记的原始状态”，记录对文档的改动；在对文档修订完成后，单击“接受”或“拒绝”按钮，对修订进行确认或否认。

单击“插入批注”按钮并输入批注内容，可在文档中对所选内容进行批注，如图 3-13 所示。

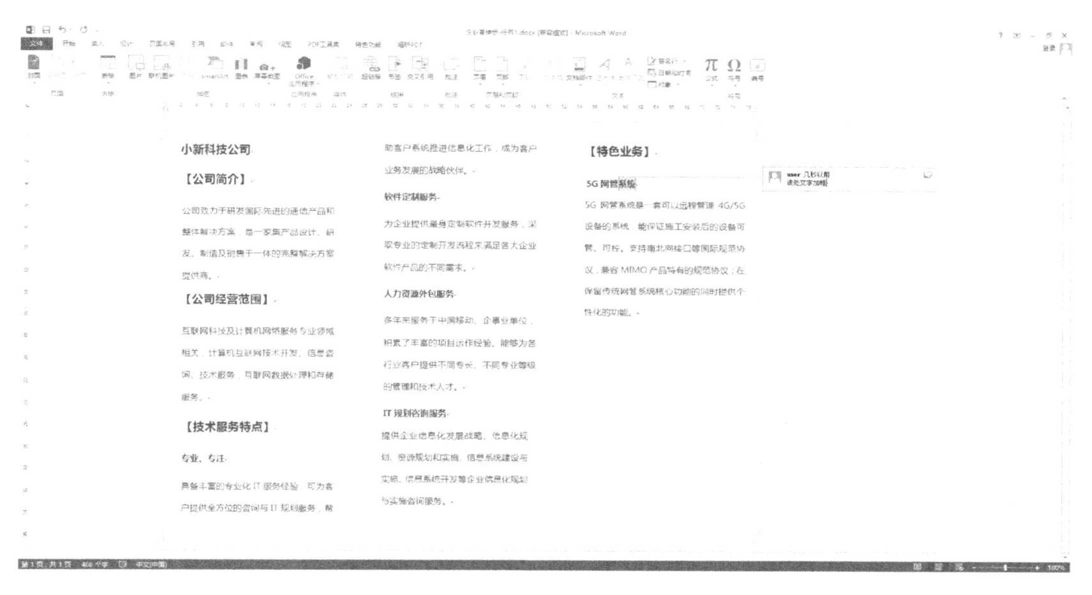

图 3–13 插入批注

● 设置字体、段落格式

字体设置是对 WPS 中文本字形、字号、字符间距等进行的设置。进行字体设置前必须先选中需要设置格式的那些文字。小明按住鼠标左键拖曳选中标题文字，在选中的区域单击鼠标右键并在右键菜单中选中“字体”选项，打开“字体”对话框。在该对话框中设置字体为“微软雅黑”，调整文字大小为“小四号”，将标题文字设置为“加粗”显示，单击“确定”按钮，即可完成对这部分文字的字体设置，如图 3-14 所示。

段落设置是对 WPS 中的文本段落进行的设置，包括段落的对齐方式、段落缩进、行间

距、段间距等。对单个段落进行格式设置时，可以使用鼠标在此段落的任意位置单击，也可选中该段落；若对多个段落进行格式设置，则必须选中这些段落。小明选中要进行格式设置的段落，在选中的区域单击鼠标右键并在出现的快捷菜单中选择“段落”选项，打开“段落”对话框，在该对话框中设置对齐方式为“两端对齐”，段落方向为“从左向右”，设置文本前后各缩进 2.2 个字符（缩进字符个数并不固定，可根据宣传册的尺寸大小及排版后的视觉效果来确定），设置段前间距为 0.5 行，行距为单倍行距（段前、段后间距及行间距的数值并不固定，可根据调整后的效果来确定），如图 3-15 所示。

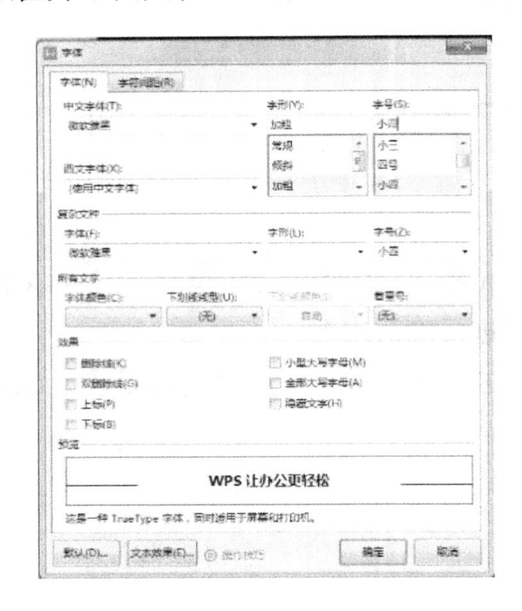

图 3–14　“字体”对话框

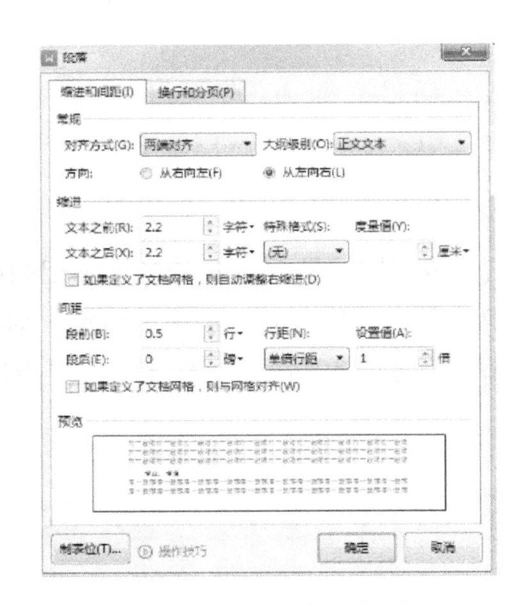

图 3–15　“段落”对话框

小技巧：格式刷的使用

进行格式设置时使用格式刷工具可以让你事半功倍。格式刷的作用是将所选内容的格式，应用到不同位置的内容中。

使用格式刷复制文字格式的操作：先选中要引用格式的文本，单击“格式”工具栏中的“格式刷”按钮，此时鼠标指针显示为“I”形状旁一个刷子图案，然后按住左键来刷（即拖选）要应用新格式的文字，即可将格式“复制到”新内容上。

使用格式刷复制段落格式的操作：选中要引用格式的整个段落（可以不包括最后的段落标记），或将插入点定位到此段落内，也可以仅选中此段落末尾的段落标记，单击“格式”工具栏上的“格式刷”按钮，在应用该段落格式的段落中单击，如果同时要复制段落格式和文本格式，则需拖选整个段落（可以不包括最后的段落标记）。

以上方式只能使用一次格式刷，若需要连续多次使用，可双击“格式刷”按钮。若要停止使用，可按键盘上的 Esc 键，或再次单击“格式刷”按钮。执行其他命令或操作（如“复制”），也可以自动停止使用格式刷。

- 调整各分栏内容

为将宣传册内容放到 6 栏（即成册后的 6 个页面）中，单击“页面布局”选项卡，单击“分隔符”并选择“分栏符”选项，即可将各部分内容固定到各分栏，如图 3-16 所示。

- 查看打印效果

初排工作完成后，可在“文件”按钮中选择“打印”，对文档进行打印，查看打印效果。

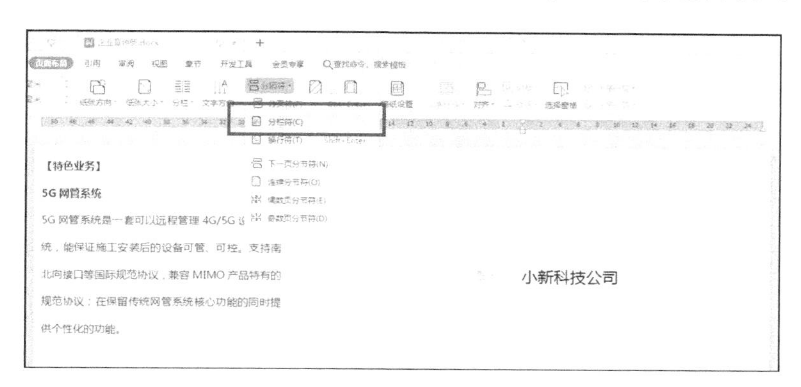

图 3–16　调整各分栏内容

小明浏览打印的初稿，脑海中浮现出增添图片后的彩印效果，心中有点小激动，他决定先把文件加密保存好，再进行下一步操作。

（4）转换文档类型与合并文档

单击“文件”按钮，在打开的菜单中选择“输出为 PDF”选项，在打开的“输出为 PDF”对话框中设置“保存目录”等信息，单击“开始输出”按钮即可完成文档类型转换，如图 3-17 所示。

图 3–17　转换文档类型

小知识：PDF 文档格式

PDF（Portable Document Format 的简称，意为“便携式文件格式”）是由 Adobe Systems 在 1993 年用于文件交换所发展出的文件格式。

与常用文件类型（如.doc 或.docx）相比，PDF 格式的文档有如下优点：

1. 跨平台使用能力高。

PDF 文件格式与操作系统平台无关，不受平台的限制，也不会因网络和硬件设备的差异而影响显示效果。

2. 安全性高，不易修改。

PDF 是一种通用文件格式，不管创建源文档时使用的是哪些应用程序和平台，它都可以保留源文档的字体、图像、图形和版面设置。PDF 文档不易被修改，因此安全性和可靠性较高，PDF 已成为世界上安全可靠地分发和交换电子文档及电子表单的实际标准。

3. 阅读性能高，阅读舒适性好。

只有登录 WPS 会员账户，才能进行拆分或合并文档操作。打开“会员专享”选项卡，单击“拆分合并”下拉按钮，选择“拆分文档”或“合并文档”即可完成相应的操作。

（5）加密保护文档

当文档内容比较重要需要加密保护时，可以设置为私密保护模式。单击“文件”按钮，选择“文档加密”选项，接着可以设置“文档权限”和“密码保护”。

设置“文档权限”后，只有登录账号才可以查看或编辑文档，也可以添加指定人，指定人也可以查看或编辑文档。

“密码保护”分为不同的级别，可根据需要设置打开权限密码和编辑权限密码。需要注意的是，密码一旦遗忘，就无法打开文档，所以需妥善保管密码。

小明掌握了图文编辑软件的使用方法，他编辑后的.docx 和.pdf 文档效果如图 3-18 所示。

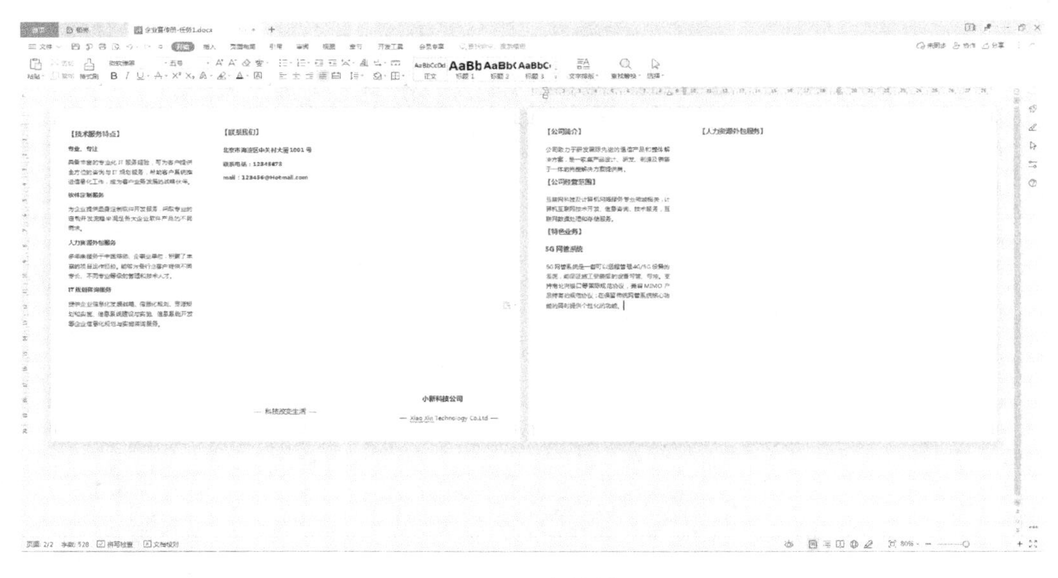

图 3-18 文档效果

学习检验

亲爱的读者，我们已经陪伴小明在使用 WPS Office 软件的路上迈出了坚实的第一步，下面我们一起回顾任务中的知识技能点，填写完成情况评价表（见表 3-1）。

表 3-1　完成情况评价表

任务要求	很好	好	不够好
了解常用图文编辑软件			
熟悉 WPS 界面			
会创建和保存以及打印文档			
会编辑文档			
会修订和批注文档			
会转换文档格式及合并文档			
会给文档加密			

学习小结

通过学习，小明了解了什么是宣传册，也开始探索使用图文编辑软件来制作宣传册。让我们跟小明一起做个总结吧（见表 3-2）。

表 3-2　学习总结表

主要学习内容	学习方法	学习心得	待解决的问题
整体总结：			

拓展学习

WPS Office 软件具有非常强大的图文编辑功能，在其用户界面的上端我们能看到最常用的选项卡和功能按钮。表 3-3 列出了 WPS Office 选项卡中的主要功能按钮，请你试着在 WPS Office 界面找到它们并试用。

表 3-3　WPS Office 选项卡中的主要功能按钮

选项卡	功能区内容
开始	复制粘贴、格式刷、字体、段落、文字排版、查找替换、选择
插入	封面页、空白页、分页、表格、图片、形状、图标、图表、智能图形、稻壳素材、流程图、思维导图、批注、页眉页脚、页码、水印、文本框、艺术字、日期、对象、附件、首字下沉、文档部件、符号、公式、编号、超链接、交叉引用、书签、窗体
页面布局	主题、页面设置、背景、页面边框、稿纸设置、对齐设置
引用	目录、脚注和尾注、题注、索引项、邮件
审阅	拼写检查、繁简转换、批注、修订、比较、文档权限
视图	页面显示、导航、显示方式
章节	章节导航、封面目录、页面设置、新增节、页码
开发工具	宏、加载项、控件、结构、映射
会员专享	格式转换、翻译、查重、文档修复、远程协作、简历助手、艺术字等

对文档进行编排时，可对细节设置逐一雕琢，还可使用 WPS 的整体排版功能，选择“文件”选项卡中的“文字排版”工具按钮，对整个文档进行增加格式、删除格式、修改格式等操作。

学习检测

1．出血位是指在进行设计时，为印刷后的裁切而预留出的边缘部位的图案延伸，一般出血位不超过（　　）mm。

A．2　　B．3　　C．4　　D．5

2．以下不属于“字体设置”功能的是（　　）。

A．字形　　B．字号　　C．行间距　　D．下画线线型

3．使用 WPS Office 软件创建的文档扩展名为（　　）。

A．.ppt　　B．.doc　　C．.docx　　D．.pdf

4．与.docx 文件相比，以下不属于.pdf 文件特点的是（　　）。

A．跨平台使用能力高　　B．安全性高、不易修改

C．阅读性能高、阅读舒适性好　　D．文件更小、节约存储空间

5．添加对文档内容的“注释”，这种功能叫作（　　）。

A．修订　　B．校对　　C．批注　　D．标记

任务 3.2 编辑表格、图形、图像

通过完成对《企业宣传册》中的表格、图形、图像的编辑，会选用适当软件或工具制作不同类型的表格并设置格式；会进行文本与表格的相互转换；能绘制简单图形；会选择适用软件或工具插件来绘制数学公式、图形符号、示意图、结构图、二维和三维模型等图形。

任务情境

第二天晨会后，邵总跟小明单独沟通《企业宣传册》的制作工作。

“小明，你整理的公司介绍文案我看过了，内容比较全面，看得出你用心啦。有几个建议你考虑一下吧，咱们的企业架构可以采取结构图的形式，公司主营业务可以用表格呈现。多用图表，一是能更直观地反映内容，二是容易吸引注意力，能避免纯文本阅读带来的视觉疲劳，你回忆一下以前见过的各种宣传册，是不是都这样的呀？”邵总笑眯眯地说。

结构图、表格……小明迅速记下来。

小明心想：除了结构图、表格，还有图片、照片、企业 LOGO 等，图文并茂的宣传册会更引人注目啊！

小明一下子就打开了思路，之后回到办公室开始对图表、图片资料进行收集和整理……

学习目标

1. 知识目标

（1）掌握在 WPS 中插入和编辑表格、图形、图像的方法。

（2）会使用表格工具、绘图工具，了解绘图工具的基本功能。

2. 能力目标

能根据活动要求，选取恰当的素材资源进行《企业宣传册》的进一步编排。

3. 素养目标

（1）培养学生良好的审美能力，提高其文字处理能力。

（2）培养学生发现问题、解决问题的能力。

活动要求

通过学习资料开展自主学习，了解常用图文编辑软件插入和编辑表格、图形、图像的基本方法；通过实践练习，完成《企业宣传册》的相关编排任务。

任务分析

小明需要将前面准备好的各种素材加到宣传册中，所以需要了解如何才能将这些素材添加进来，并且需要了解可以对这些素材进行哪些编辑操作（见图 3-19）。

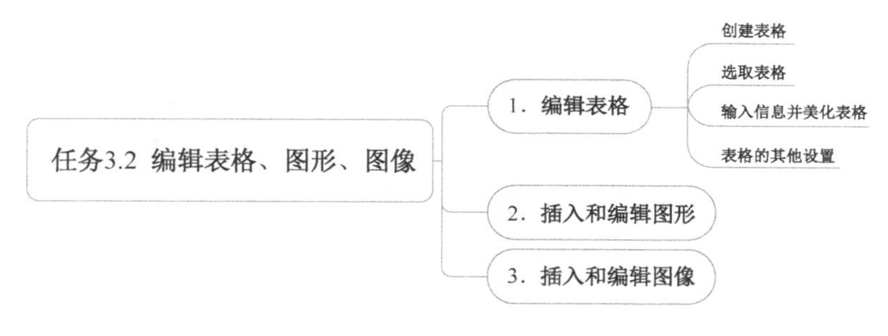

图 3-19 任务分析图

任务实施

1. 编辑表格

【任务一：在文档中创建并编辑表格】

在我们日常生活、工作中往往会用到表格，如学生用到的课程表、成绩单，工作中的业绩考核表，求职时的个人简历等。表格能让我们非常清晰、有条理化地看到相关信息。那么，这些表格是怎么制作的呢？下面我们就和小明一起来看一下，使用 WPS 如何制作表格。

（1）创建表格

方法一：使用“插入表格”网格创建表格

调整好光标的位置，使它正好位于要插入表格的地方。将鼠标指针放在“插入”工具栏中的“表格”按钮上，单击这个按钮，将出现一个示意网格。按住鼠标并拖动鼠标穿过这些网格，当达到预定所需的行列数后，释放光标键。

例如，拖动鼠标使网络中高亮显示 4 行 6 列时，释放光标键，即可在文档中插入一个 4 行 6 列的表格，如图 3-20 所示。

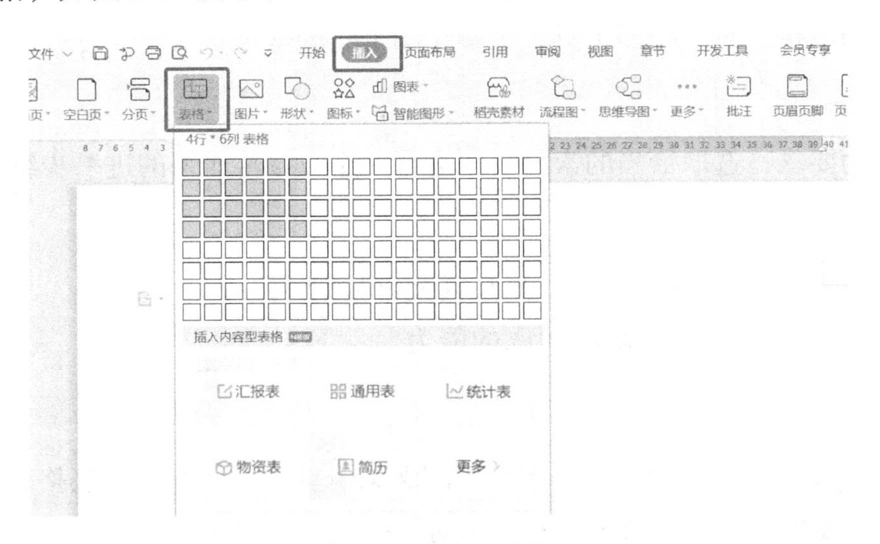

图 3–20　插入表格

方法二：使用“插入表格”按钮创建表格

调整好鼠标指针的位置，使它正好位于要插入表格的地方。单击“插入”菜单中的“表格”按钮，再单击“插入表格”按钮；在“插入表格”对话框中设置表格参数，在“列数”和“行数”文本框中分别设置所创建表格的列数与行数；单击“确定”按钮。

（2）选取表格

选择整个表格：将鼠标指针移至表格上方，此时表格左上角将显示⊞控制柄，单击该控制柄即可选中整个表格。

选择行：将鼠标指针移至所选行左边界的外侧，待鼠标指针变成↗形状后单击，可选中该行；如果此时按住鼠标左键并上下拖动，可选中连续多行。

选择列：将鼠标指针移至所选列的顶端，待鼠标指针变成⬇形状后单击，可选中一列；如果此时按住鼠标左键并左右拖动，可选中连续多列。

选择单个单元格：将鼠标指针移至单元格的左边框线上，待鼠标指针变成↗形状后单击，可选中该单元格；此时若双击，可选中该单元格所在的行。

选择不连续的单元格或单元格区域：按住 Ctrl 键，然后使用上述方法依次选择所需单元格或单元格区域即可。

创建表格后，还可以通过插入/删除行列或者单元格来对表格的行列数量进行修改。

（3）输入信息并美化表格

输入表格数据，如图 3-21 所示。

	媒体娱乐	交通	医疗	智能制造	智慧电力
第一阶段 Y2020 通用终端及部分模组可用	视频直播 VR/AR	车载娱乐 实时信息交互	远程医疗 无线查房	机械手臂	低压用电信息采集 配电自动化
第二阶段 Y2021 模组量产	赛事直播全息影像	辅助驾驶 远程驾驶	5G 急救车 可穿戴设备	PLC 无线承载 AR 辅助设计	分布式电源管理配电自动化
第三阶段 Y2023E2E 产业成熟		自动驾驶	远程手术	工业自动化	精准负荷控制

图 3-21　输入表格数据

为了让人们看起来更美观，需要美化这个表格。这时就要进行字体和段落的设置，来调整字体和颜色，以及单元格底纹、对齐方式等，使用表格工具来调整行高和列宽。表格工具如图 3-22 所示。

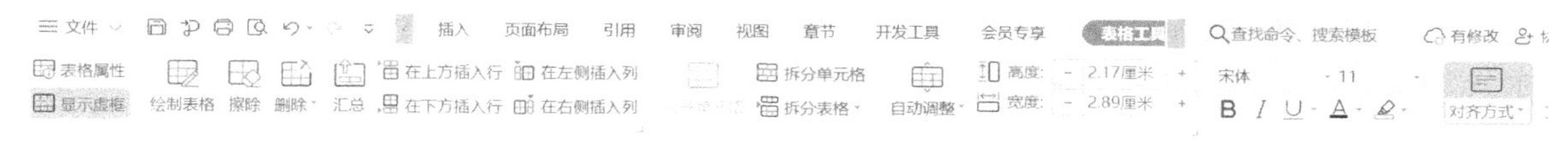

图 3-22　表格工具

①调整列宽。

将鼠标指针指向需要改变列宽的单元格的左边框线，左右拖动，拖动时有一垂直的灰色线，表示当前列宽的位置，当列宽合适后松开鼠标；或者在表格工具中直接输入宽度值。

②调整行高。

将鼠标指针移动到需要改变行高的单元格的上边框线，上下拖动鼠标，拖动时有一垂直的灰色线，表示当前行高的位置，当行高合适后松开鼠标；或者在表格工具中直接输入高度值。

③设置字体和颜色。

④调整单元格对齐方式：选定一个或者几个单元格后右击，在弹出的快捷菜单中，选择需要的单元格对齐方式。

⑤设置边框和底纹。

表格样式设置界面如图 3-23 所示。

图 3-23　表格样式设置界面

选择我们要设置边框或底纹的文字，在表格样式工具栏中选择边框和底纹设置，或者右击，在弹出的快捷菜单中，选择“边框和底纹”，打开“边框和底纹”对话框，如图 3-24

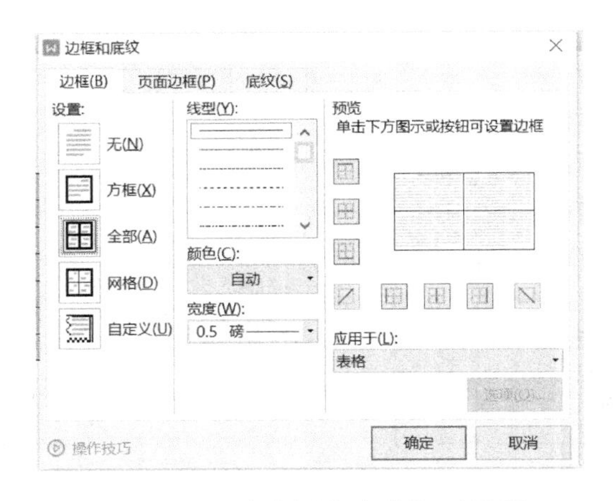

图 3-24 “边框和底纹”对话框

所示。选择“边框”选项卡，可以在“设置”栏选择我们要设置的边框类型，如无边框、方框、全部、网格、自定义等。在“线型”栏我们可以对边框的线型进行相应的设置，选择需要的线型。还可以对线型的颜色、宽度等进行相应的设置，在“应用于”下拉列表中，我们可选择边框应用的范围，是应用到我们刚才选定的文字中还是选定文字所在的段落中。在预览区，可以看到我们设置的选项在文章中的效果。

如果想要在文章中插入横线，可以把光标移动到要插入横线的位置，在“边框”选项卡中单击“横线”按钮，打开“横线”选择对话框，单击我们想要的横线的样式，再单击“确定”按钮；如果要对整个页面进行边框设置的话，可以切换到“页面边框”选项卡，其设置和对字符设置边框的方法基本一样。

“页面边框”选项卡增加了一栏“艺术型”，我们可以在下拉列表中找到想要的页面边框的艺术型样式，如果首次使用可能会提示要进行安装，等安装完就可以使用，其下拉列表中有很多类型的边框样式供大家选择。设置好后，大家可以看到效果，也可以在预览区浏览，如图 3-25 所示。

接下来进行底纹的设置，我们按照前面的方法，对需要设置底纹的文字进行选择，打开“边框和底纹”对话框，切换到“底纹”选项卡，如图 3-26 所示。

在填充颜色中选择我们需要填充的底纹颜色，颜色表中提供了多种颜色，如果这些颜色没有满意的，可以选择“更多颜色”命令，调出颜色库对话框，选择我们需要的颜色，单击“确定”按钮。同边框一样，我们可以在“应用于”下拉列表中选择底纹应用的范围，是应用于选定的文字中还是段落中。在预览区可以看到设置后的效果，系统默认的是底纹没有设置图案，可以单击下拉列表选择我们想要的底纹图案，选择图案后，还可以对图案颜色进行选择。

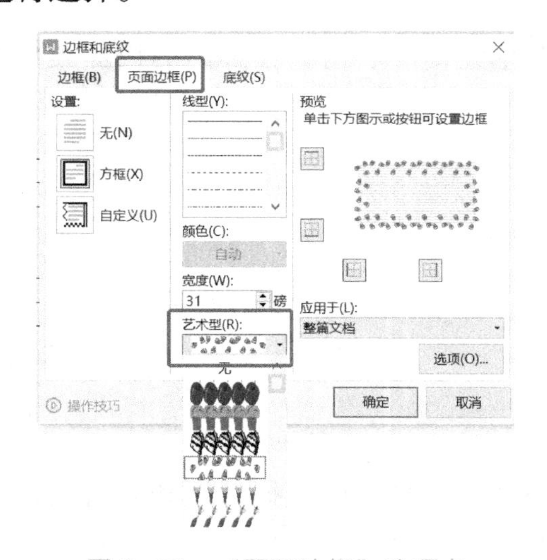

图 3-25 “页面边框”选项卡

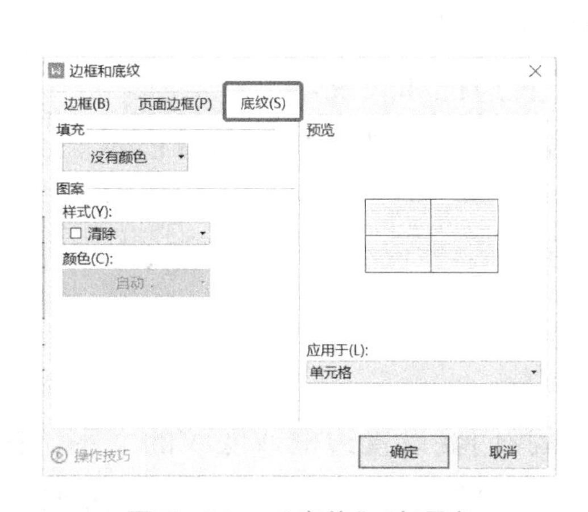

图 3-26 “底纹”选项卡

（4）表格的其他设置

①自动套用表格格式

自动套用表格需在“表格样式”选项卡中进行，如图 3-27 所示。

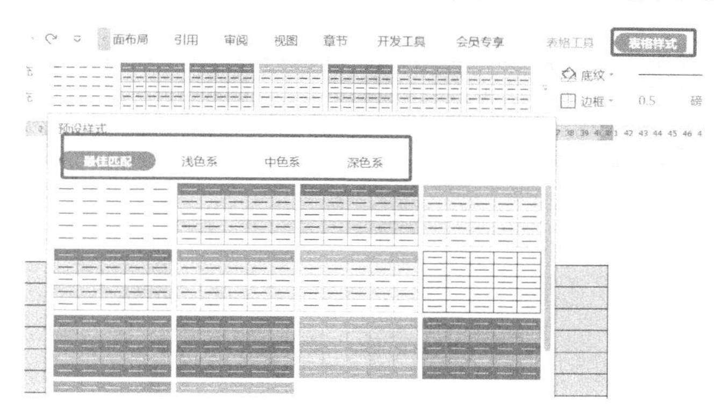

图 3–27　“表格样式”选项卡

可以对插入的表格进行套用模板的设置，这里我们选择“表格样式”选项卡中的“预设样式”，系统会提供不同色系的匹配方案，然后可以根据需要选择所需的表格格式，并可以对“首行填充”“隔行填充”“首列填充”“末行填充”“隔列填充”“末列填充”的填充属性进行设置，如图 3-28 所示。

图 3–28　填充属性

②合并和拆分单元格

合并和拆分单元格工具如图 3-29 所示。

在表格中经常需要合并或拆分单元格，方法是：用鼠标选中需要合并的单元格，单击鼠标右键，在弹出的窗口中单击“合并单元格”；或者单击表格工具中的“合并单元格”按钮。拆分单元格时，需要在拆分单元格中输入要拆分的“列数”和“行数”，如图 3-30 所示。

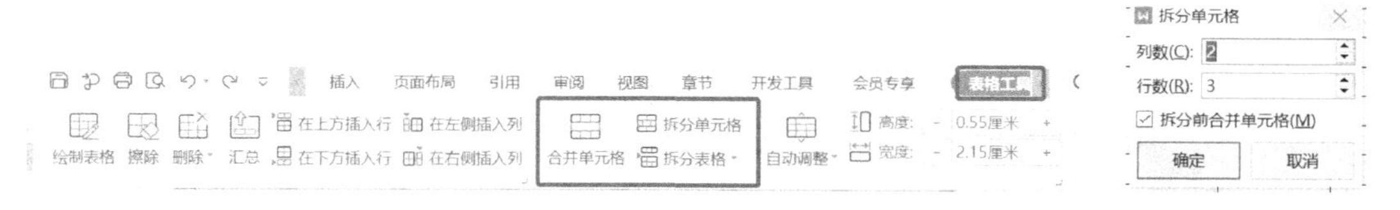

图 3–29　合并和拆分单元格工具

图 3–30　拆分单元格

小知识：表格调整小技巧

一个表格要想制作得美观漂亮，细节调整非常重要。因此，很多时候表格的制作比文字的排版还麻烦。表格的调整可以用一些小技巧，下面介绍几个实用的表格调整小技巧。

1．一次性调整多列的宽度

在制作表格时，列宽和行高往往会随着文本的输入而进行自动调整。为了使表格更为美观，我们可在完成表格内容制作后，统一所有列的宽度。方法：选中需要调整列宽的表格，单击鼠标右键，在弹出的快捷菜单中选择“表格属性”命令，打开“表格属性”对话框，选择“列”选项卡，勾选“指定宽度”复选框，在数值框中设置列宽参数，单击“确定”按钮，可看到表格中的所有列宽相等了。如果想要改变表格的行高，同样地打开“表格属性”对话框，在“行”选项卡的“指定高度”数值框中进行设置即可。

2．微调行高和列宽

在表格中使用 Alt 键配合鼠标可以实现微调行高和列宽。方法：将光标放在表格的列边缘上，当其变为双向箭头形状时，按住 Alt 键向左右、上下拖动鼠标，即可调整行高或列宽。

3．一次性分布表格为相等的行高或列宽

除了用上述两种方法来调整行高和列宽，若想要表格的行高或列宽相等，我们可以通过“分布行”和“分布列”来快速设置。方法：选择需要调整的表格，依次单击“表格工具”“布局”“单元格大组”，再单击“分布行”或“分布列”按钮即可平均分布行高或列宽。

2．插入和编辑图形

【任务二：使用图形工具设计企业 LOGO】

LOGO 样例如图 3-31 所示。

通过学习小明认识到，在日常学习和办公中使用 WPS 除了可以编辑文本，还可以制图，一些简单的图形都可以借助其完成制作。例如，图 3-31 中的 LOGO 图形就可以使用图形+文字的方式制作出来。在“插入”菜单中单击 形状，可以看到很多系统预设图形，如图 3-32 所示。

图 3-31　LOGO 样例

图 3-32　系统预设图形

小知识：LOGO

LOGO 的意思是某公司或机构的标识、标志、徽标，全称为“LOGOtype”。LOGO 起到对公司的识别和推广的作用，通过形象的 LOGO 可以让消费者记住公司主体和品牌文化。

LOGO 作为一种符号、一种代表、一种象征，从人类发展初期就有，并为人类的进步和发展发挥了重要的作用。

各种不同的 LOGO 有其各自不同的意义和作用，如代表不同国家的国旗、各种社会活动 LOGO、公共场所 LOGO、公司企业 LOGO 设计等。它们以简练的图形符号，表达一种特定的信息。它们常采用直接、间接、联想、暗喻、象征手法，将较为复杂的信息，集中概括在简洁美观的图形中，让人们从中得到启迪，接受信息，使人易识、易记，产生好感，并有助于克服语言和文字的障碍。

不难看出，LOGO 在科学文化和社会文明高度发达的今天，越来越富有现实意义并发挥着重要的作用。因此，“LOGO 设计”已成为艺术设计领域中的重要课题。

我们可以使用图 3-32 中的图形来制作公司 LOGO，制作步骤如下。

（1）选择饼形，在文档中插入一个饼形，在绘制的时候，按住 Shift 键，通过拖动得到一个圆形，如图 3-33 所示。

（2）通过“Ctrl+C”和“Ctrl+V”快捷键复制插入的圆形，将其大小稍微改小一点，然后叠加在大圆形上面形成一个双圆形。按住 Shift 键同时选中这两个圆，并通过调整水平居中和垂直居中，让这两个圆形成为同心圆，如图 3-34 所示。

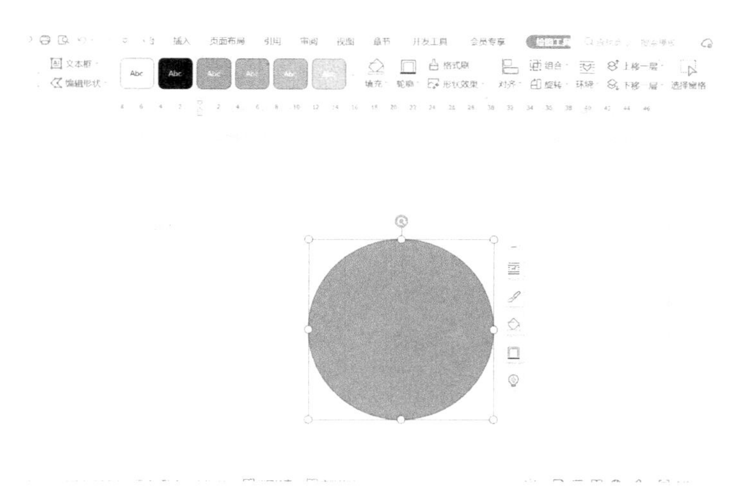

图 3-33 绘制一个圆形

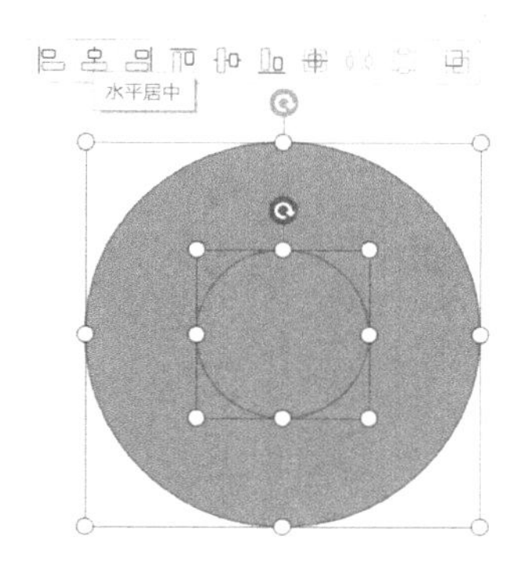

图 3-34 复制圆形

（3）分别选中这两个对象，在“绘图工具”中，设置外圆的填充颜色为暗红色，内圆的填充颜色为白色，轮廓颜色都为无色，如图 3-35、图 3-36 和图 3-37 所示。

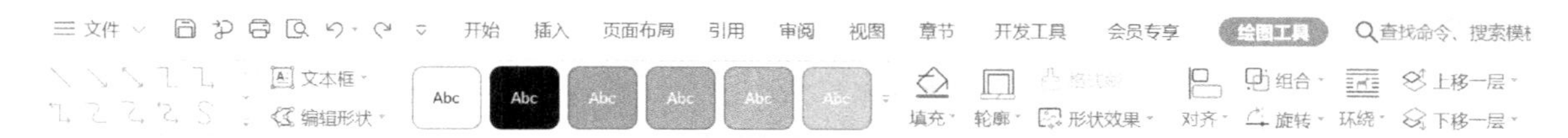

图 3-35 绘图工具

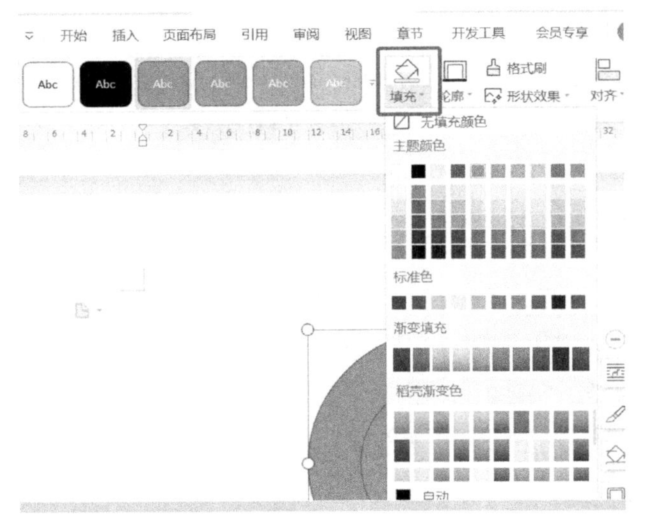

图 3-36　填充颜色

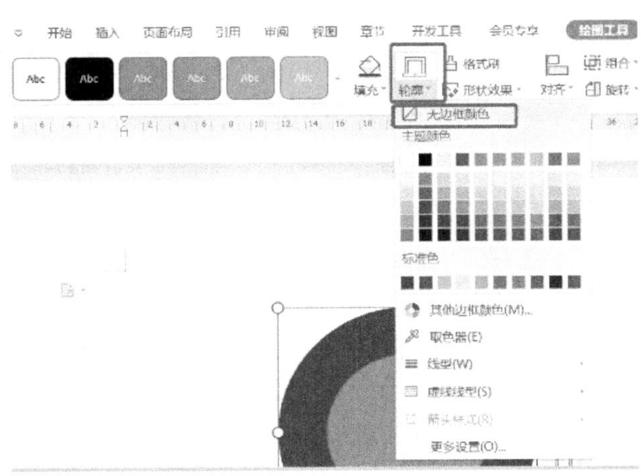

图 3-37　轮廓颜色

（4）在基本形状中插入一个云形，设置填充颜色和轮廓颜色分别为白色和无色，补在上面的图形中。通过调整大小和“旋转”按钮改变云形的大小和方向。最终形成云状钥匙图形，这个 LOGO 的设计意义既表示科技的云操作，又代表打开科技知识大门的钥匙，如图 3-38 所示。

（5）插入一个小圆形，作为钥匙孔，设置填充颜色和轮廓颜色分别为暗红色和无色。按 Shift 键，选中所有对象，调整对齐方式为垂直居中。将所有对象同时选中，并选择右键中的“组合”，将它们组合为一个整体，LOGO 的图形部分就制作好了。组合图形的操作及效果如图 3-39 所示。

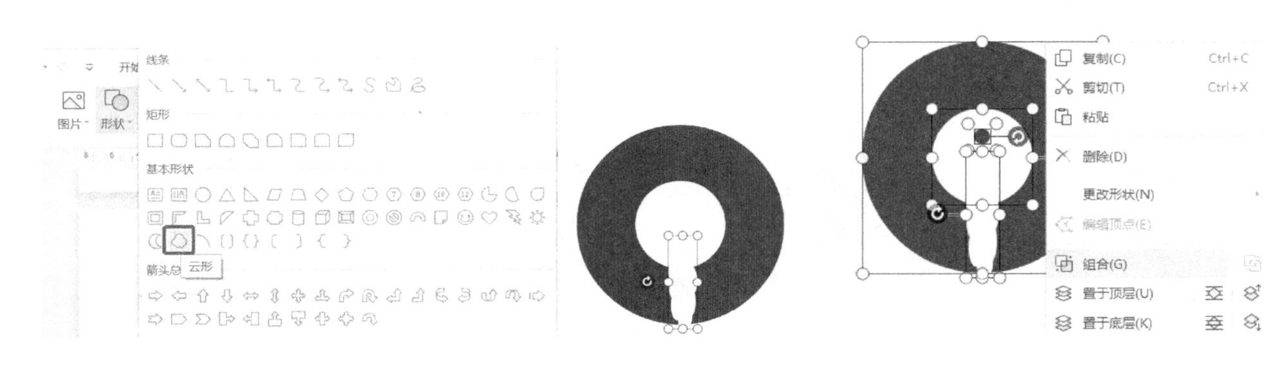

图 3-38　绘制云形钥匙

图 3-39　组合图形

（6）在“插入”菜单中，找到艺术字，选择一种艺术字样式，并输入“小新”全拼的大写英文字母，调整字体为“Calibri”，字号为 80 号字，字符间距加宽 0.2 厘米，在“文本效果”的“转换”里选择圆形、旋转方向，调整至合适的大小和位置，设置填充颜色为白色，轮廓颜色为无色。插入艺术字的操作如图 3-40 所示。

（7）将所有对象全部选中，并进行组合操作，公司 LOGO 就制作好了，效果如图 3-41 所示。

图 3-40 插入艺术字

图 3-41 LOGO

3. 插入和编辑图像

【任务三：在文档中插入图像，样例如图 3-42 所示】

接下来小明需要对图像素材编辑加工。用 WPS 可在文档中插入多种格式（如 *.gif，*.jpg，*.bmp 等）的图像文件，并能对插入的图像进行简单编辑。下面是插入和编辑图像的方法。

（1）选择“插入”菜单，单击工具栏中的“图片”按钮，在“插入图片”对话框中找到之前图像素材的保存位置，选择要插入的图像文件名后单击“确定”按钮，如图 3-43 所示。

图 3-42 插入图像样例

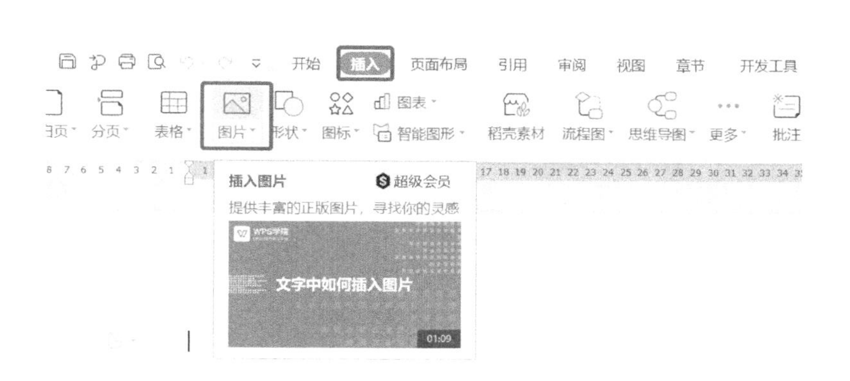

图 3-43 插入图片

小知识：把图片拖进 WPS

在 WPS 中，再也没有比直接拖放更方便的图片插入方式了，无论是在文字、表格，还是在演示组件下，打开存有图片的文件夹，用鼠标选中想要的图片，把它拖到 WPS 中，然后把鼠标指针对准想要放置图片的地方，松开鼠标，图片立即被插入。

图 3-44　调整操作点

（2）此时图像的四周出现操作点，对操作点进行拖动，实现对图像的缩放和旋转，如图 3-44 所示。

（3）选中图像，在菜单选项中打开“图片工具”，可以对图像的格式进行设置。利用该工具可以对图像进行排列、改变大小等编辑和美化操作，如图 3-45 所示。

①图像插入后，默认是嵌入型的，不能任意移动位置，需要根据内容调整环绕方式。操作方法：选择“图片工具”中的“环绕”进行调整。环绕方式及效果如图 3-46 所示。

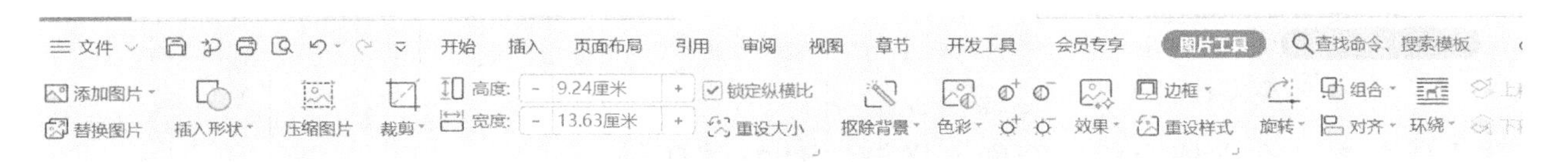

图 3-45　图片工具

②可以使用色彩选项，改变图像的颜色。

③如果图像下面有水印，或者有一些多余的部分，可以使用“裁剪”工具，裁去多余的部分。

小明掌握了图文编辑中表格、图形、图像的编辑技巧，他编辑后的文档效果如图 3-47 所示。

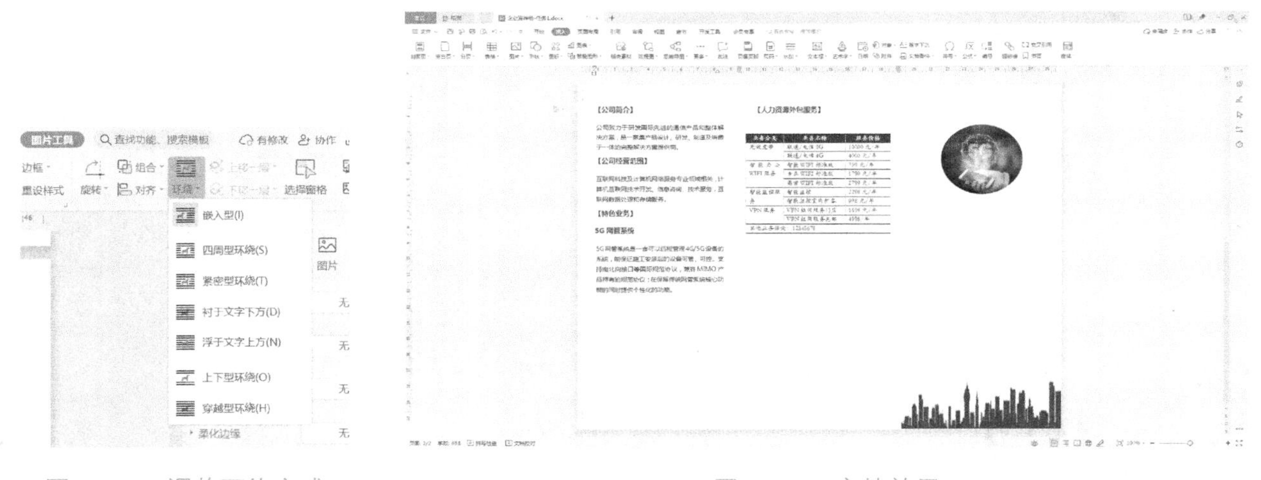

图 3-46　调整环绕方式　　图 3-47　文档效果

学习检验

亲爱的读者，我们跟小明一起学习了编辑表格、图形、图像的方法，你已感到 WPS 在文、图、表的综合使用上功能很强大了吧。请你回顾任务中的知识技能点，填写完成情况评价表（见表 3-4）。

表 3-4　完成情况评价表

任务要求	很好	好	不够好
会插入表格、图形和图像			
了解表格工具的各种设置方法			
了解图形工具的各种设置方法			
了解绘图工具的各种设置方法			
了解图像文件的基本格式			
能设计和美化表格样式			
能设计和制作基本图形			

学习小结

让我们跟小明一起总结编辑表格、图形、图像的方法，以及学习心得等（见表 3-5）。

表 3-5　学习总结表

主要学习内容	学习方法	学习心得	待解决的问题
整体总结：			

拓展学习

WPS 图片处理的主要功能见表 3-6。

表 3-6　WPS 图片处理的主要功能

功能	描述
设置图片尺寸	设置图片的宽度和高度，等比例缩放图片，裁剪多余的部分
设置图片角度	设置图片的旋转角度
设置图片对齐方式	设置图片的段落对齐方式
设置图片文字环绕方式	设置图片的文字环绕方式
美化图片色彩	设置图片的亮度、对比度、饱和度、颜色
美化图片艺术效果	设置图片的图片样式和艺术效果
美化图片效果	设置图片的边框，设置图片的特殊效果，将图片转换为 SmartArt
抠除背景	删除图片背景

学习检测

1. 在 WPS Office 文档中，我们可以对表格进行的操作不包括（　　）。

   A．增加行　　B．合并单元格

   C．设置表框　　D．旋转角度

2. 设置形状轮廓时，我们不能调整的是（　　）。

   A．轮廓线线型　　B．轮廓线的粗细

   C．轮廓线的颜色　　D．轮廓线的渐变

3. WPS Office 中可以对图片进行多种操作，不包括以下哪项？（　　）

   A．裁切　　B．旋转　　C．调整亮度　　D．变形

4. 微调表格的行高和列宽时，通常需要（　　）键的辅助。

   A．Ctrl　　B．Shift　　C．Tab　　D．Alt

5. 图片环绕方式不包括（　　）。

   A．嵌入型　　B．浮于文字上方

   C．重叠型环绕　　D．紧密型环绕

任务 3.3 文、图、表混合排版

通过完成《企业宣传册》的文、图、表混合排版任务，能进一步了解常用图文编辑软件及工具的功能和特点，并能根据业务需求综合选用；能了解图文版式设计的基本规范，会进行文、图、表的混合排版和美化处理；会用数据表格和相应工具自动生成批量图文内容。

任务情境

《企业宣传册》中的文、图、表等素材都已初步调配到位，小明带着示意图前往总经理室汇报。

邵总看过后，对小明说："资料翔实，公司业务内容展现得充分，工作干得不错。你尽快正式排版，完成《企业宣传册》的制作。"邵总说完笑着看小明，"哦对了，现在人们天天都使用手机，咱们能在网上做宣传吗？你考虑一下。"

听到邵总的表扬，小明很开心，但他清楚地知道自己还需要进行精心的混合排版，需要做的事还有很多呢……

学习目标

1. 知识目标

（1）进一步了解常用图文编辑软件及工具的功能和特点，并能根据业务需求综合选用。

（2）了解图文版式设计的基本规范，会进行文、图、表的混合排版和美化处理。

（3）会用数据表格和相应工具自动生成批量图文内容。

2. 能力目标

（1）能根据业务需求进行文、图、表混合排版和美化处理。

（2）能用数据表格和相应工具自动生成批量图文内容。

3. 素养目标

（1）培养学生利用信息技术解决问题的意识、计算思维、数字化学习创新意识。

（2）培养学生遵守信息法律法规及社会道德规范的意识，并强化信息隐私及公共信息安全意识。

活动要求

借助学习资料开展自主学习，了解常用图文编辑软件的文、图、表混合排版功能；进行实践练习，完成对《企业宣传册》的文、图、表混排。

任务分析

“缺乏艺术性的艺术品，是缺少力量的。”小明深知“内容”与“展现形式”是相辅相成的。

小明已经掌握了 WPS 软件的基本功能，接下来就是使用文、图、表混合排版功能，将文档进行整体编排和美化并设计成册，然后使用同样的资料制作一个企业宣传 H5。小明将完成的任务如图 3-48 所示。

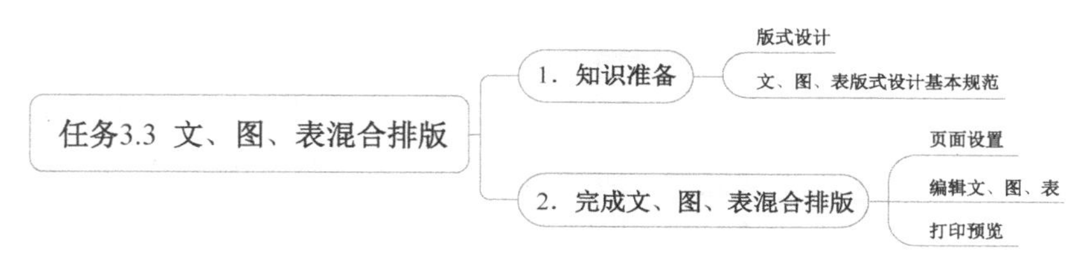

图 3-48　任务分析图

任务实施

1. 知识准备

（1）版式设计

版式设计是指在既定文档内容的基础上，对文档的体例、结构、标题的层次和图表、注释等进行艺术的科学设计。

狭义地讲，版式设计就是研究图形、色彩、文字在版面中的排列组合规律，也可称为版面构成。

版式设计通常与文档内容密切相关，相互统一。在版式设计中，不仅需要考虑美观、色彩等，还需要考虑其他方面，如行业需要、读者群等，这样才能充分发挥版式设计的功能，实现内容与形式的完美结合。

版式设计的目的是使文档各部分和谐统一，使读者得到视觉上的和谐和心理上的和谐，便于读者的视线较长时间地停留在版面上，减少疲劳，产生清新愉快的感觉，以达到阅读的效果。

（2）文、图、表版式设计基本规范

为提升宣传册的吸引力，通常在版面设计时需要注意宣传册整体的协调，要有规律和鲜明的特点。宣传册的排版基本规范如下：

①外观设计强调整体感。采取分面格或跨面格，采用统一图片规格，版面色彩统一；文字有个性化，字体统一，图片、文字与色块搭配使用，以达到整体平衡感；巧用“点”“线”“面”和不同形状，以带给读者不同的视觉感受，起到丰富版面的作用。

②内容上遵循同类合并原则。面对一项设计任务时首先通过对信息进行分类和归纳，总结出信息的等级，如标题、副标题、子标题、引文、说明文、正文等，然后对与文字相关的图片信息进行细分类，使文字与图片一一对应，形成明晰的信息级别。这样在设计时就能有意识地将同类、同级别的信息合并在同一个区域内，并形成统一的设计风格。

③注重宣传册目录（索引）设计，内容编排顺序要遵循邻近原则。同一信息级别的编排元素尽量离得近一些，编排元素之间挨得越近，编排的整体感越强；相反，不同信息级别的编排元素之间尽量拉开距离，避免信息凌乱、模糊。明确的信息分区能够使信息传达更加清晰、有条理，如果信息级别在分区中的距离、位置太过随意，将会导致信息传递不通畅。

④强调突出中心内容。在宣传册中最重要的就是要有一个能够吸引注意力的中心内容，所以在设计的过程中需要注意让不同的内容形成对比，每一信息级别中都可以确定一个中心内容。有针对性地选择不同的中心内容，才能建立有创意的排版布局。

⑤色彩使用中强调画面黑、白、灰关系。设计宣传册版式时，图形与图形，图形与文字，文字与文字，编排元素与背景之间，无论表现为有彩色还是无彩色，都归纳为黑、白、灰三种空间层次关系。在以图片为主的排版中，要分析图片的明度关系，以确定其他编排元素在版式中的黑、白、灰关系；在以文字为主的排版中，文字信息是用来构成画面黑、白、灰关系的主要元素。文字信息主要包含标题字、副标题、引文、说明文、正文等几个部分，标题文字信息可以通过字形、大小、粗细、色彩来表现黑、白、灰关系；正文文字可以通过字号、字形、字间距、行间距的不同来表现不同的灰度层次。通过黑、白、灰的明度对比，突出信息的层次变化，进而增强版面的美感和空间感。

2. 完成文、图、表混合排版

经过对图文版式设计的学习，小明已经基本掌握了版式设计的原则与基本规范，下面小明将利用相关知识对《企业宣传册》进行文、图、表混合排版。首先打开“企业宣传册.docx”，进行页面大小、页边距设置，对页面进行三分栏（详见任务 3.1），然后开始对文、图、表进行混合排版。

（1）页面设置

小明打开之前编辑的文件“企业宣传册.docx”，在“页面布局”选项卡中调整并确认纸张大小为216mm×291mm，页边距上、下、左、右都为3mm。

（2）编辑文、图、表

对照初始设计中的版面安排调整文本内容的位置，对内容进行调整以确保每个版面都美观。

①编辑文本

使用“Ctrl+A”快捷键全选文本，在鼠标右键菜单中选择“段落”，并在打开的对话框中调整段落格式，如图3-49所示。

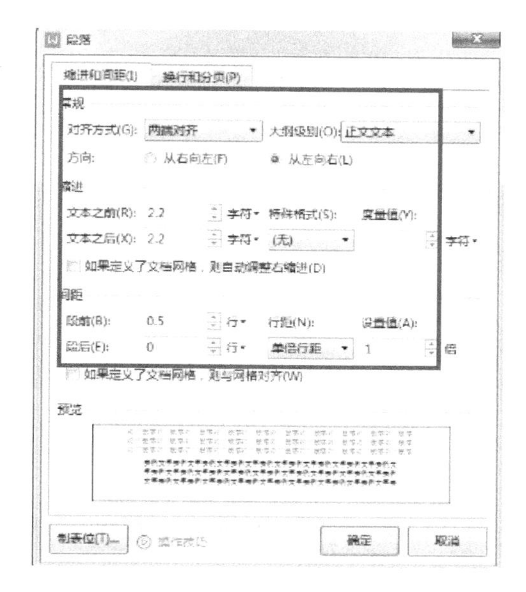

图 3-49 设置文本段落格式

选择“技术服务特点”一栏的文本，在鼠标右键菜单中选择“字体”，调整文本字体为“微软雅黑”，字号为“五号”。将本栏大标题——【技术服务特点】设置为“小四号”字体。其他栏的文本设置仿照本页完成。为了提高效率，小明使用格式刷来快速进行格式复制。

小明选用微软雅黑的原因是该字体方正、简洁，视觉效果清晰明亮，在广告宣传中常被采用，而且字号大小对视觉影响较小，无论放大缩小，视觉上都感到很舒服。

为突出显示标题，使读者更便于阅读，小明又将标题文字进行了加粗显示，即选中文本各部分的标题，设置标题文字为“加粗”，文本格式设置完成。

②编辑图片

首先设置背景图。由于小新公司是互联网公司，主色调设置为以白、蓝两色为主，图片素材主色调以白、蓝、灰、黑色为主，所以将背景设置为白、蓝色调。

单击“页面布局”选项卡中的“背景”按钮，选择“图片背景”菜单项，在打开的对话框中选择“图片”选项卡，单击“选择图片”按钮，然后选择素材库中的“宣传册背景图1.JPG”文件，背景就设置好了。

接下来插入插图。选择“插入”选项卡中的“图片”工具按钮，并选择“本地图片”选项，在打开的对话框中选择“配图1.png”并单击“打开”按钮，即可将“配图1”插入文档。同样地，将“配图2（二维码）.jpg”插入文档，“配图2”的背景色是纯白色，为与当前背景协调一致需进行进一步调整。具体操作：单击选中该配图，此时“图片工具”选项卡被选中，单击“抠除背景”下拉按钮，选择“设置透明色”选项，此时鼠标指针变成吸管形状，在该配图中的白色背景区域单击，即可发现白色变成透明色了。

接下来将两张配图移动到合适的位置。为方便自由移动，需设置两张配图的“环绕”方式为“浮于文字上方”。具体操作：在“图片工具”选项卡中单击“环绕”下拉按钮，选择“浮于文字上方”，如图3-50所示。

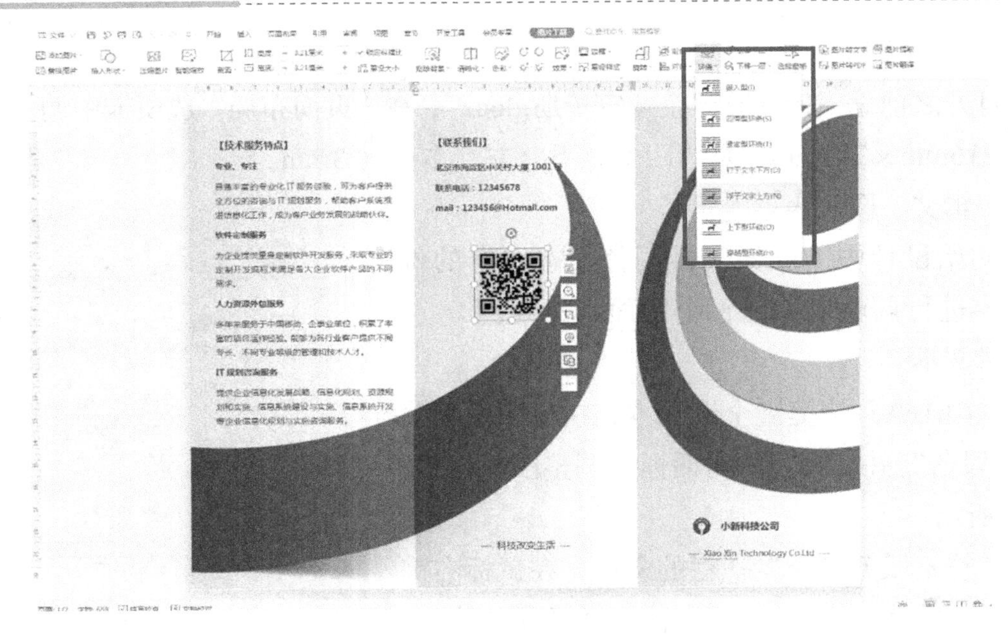

图 3-50　设置两张配图为“环绕”方式

为了更好地调整图片位置，协调文、表、图的位置关系，小明单击“页面布局”选项卡中的“对齐”按钮，并选中“网格线”选项，将文档设置为上辅助网格线。对配图的上下边界进行调整，使宣传册的界面看起来更加整齐、美观。

③编辑文本框

在插入配图后，小明发现有些文字与其背景配图在位置上不容易协调，于是打算将一些文字放在文本框中，以方便其在该位置自由移动，以公司名称“小新科技公司”为例：

选择“插入”选项卡中“文本框”按钮中的“横向”选项卡，然后在文档空白处单击，在出现的文本框中输入“小新科技公司”。小明发现该文本框的背景为白色，边框线为黑色单线，为了不影响观感，小明决定对背景和边框进行设置，方法如下：

用鼠标单击文本框的边框线，窗口上方出现“文本工具”选项卡，单击“形状填充”下拉按钮，选择“无填充颜色”，单击“形状轮廓”下拉按钮，选择“无边框颜色”，这样文本框的背景和边框都不再显示了。

小知识：文本样式设置

进行文本格式设置时，经常会使用“样式设置”功能，样式是字符格式和段落格式属性的集合，是为了编辑文档方便而设置的一些格式组合。使用样式可以同时设置文字和段落的多种属性，提高工作效率。

样式在编排重复格式时的作用尤为明显。先创建一个需要用到的格式的样式，然后在需要的地方套用该样式，就无须一次次地对文本内容进行重复的格式化操作，可以轻松实现快速格式化操作，提高工作效率。

“样式”功能区在 WPS Office 的“开始”面板中。用户可以使用已有样式，也可根据需要对样式进行修改后再使用，还可创建新的样式。

使用键盘上的“上、下、左、右”四个箭头键对文本框进行位置微调，使之与配图位置协调，然后选中文本框，按 Ctrl 键的同时单击配图，即可同时选中二者，然后在“图片工具”选项卡中找到“组合”按钮，在其下拉菜单中选择“组合”选项，该文本框与配图就变成了一个组合，可以同时移动位置。

④编辑表格

由于公司资料中包含表格内容，因此复制粘贴时将其粘贴了过来。如需要在本文档中插入表格，则使用“插入”选项卡中“表格”按钮中的选项即可。表格中的文本格式设置与文字相同，均需先选中再设置。小明希望将表格边框进行双线设置，方法如下：

用鼠标全选表格，选择右键菜单中的“表格属性”，在“表格”选项卡中选择“边框和底纹”按钮，在出现的对话框中选择“边框”选项卡，设置表格外边框为“方框”，线型为“双线”，设置表格内部线型为“单线”，然后单击“确定”按钮即可。调整后的效果图如图 3-51 所示。

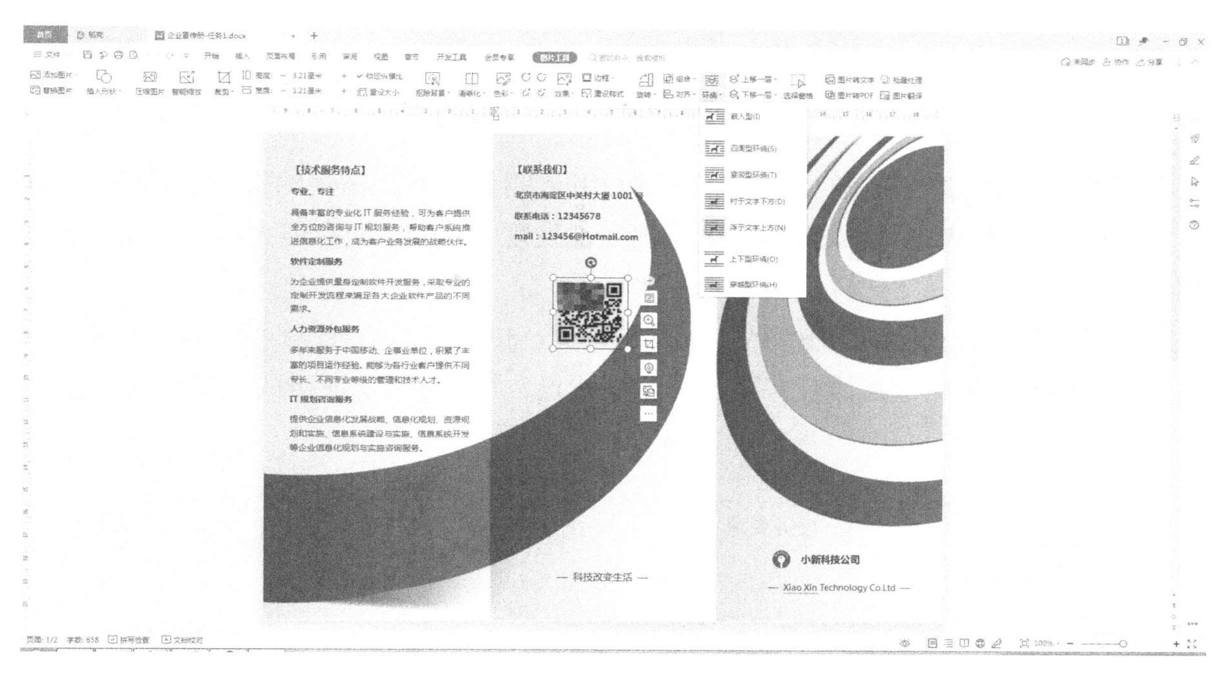

图 3-51 《企业宣传册》效果图

编辑过程中小明随时保存，完成样图后小明将 WPS 文档另存为“PDF 文档”并准备查看打印效果。

（3）打印预览

单击“文件”按钮，选择“打印”中的“打印预览”选项，WPS 编辑窗口变为打印预览状态，小明将打印方式设置为“双面打印-短边翻页”，短边翻页是指横向打印双面，正符合宣传册横向阅读、横向展开的特点。

设置完成后单击“关闭”按钮，退出打印预览状态。单击“文件”按钮，打印宣传册样张，并据此进行微调直到满意，效果如图 3-52 所示。

图 3–52　样张打印

学习检验

小明不断探索，边学边做，最终用 WPS Office 制作出非常精美的折页式宣传册。在此之前，小明只了解 WPS 可以编辑文字，现在他发现 WPS 还拥有强大的文、图、表编辑功能。

宣传册的制作使小明对 WPS 产生浓厚的兴趣，也激发出他继续探索 WPS 新功能的欲望。下面我们和小明一起回顾任务中的知识技能点，填写表 3-7 所示的完成情况评价表。

表 3–7　完成情况评价表

任务要求	很好	好	不够好
了解版式设计的作用			
了解版式设计的基本规范			
了解文、图、表混排的基本操作			
了解文、图、表排版的基本规范			
了解页面设置、编辑及打印的完整流程			
了解文档编排中的整体性原则			

学习小结

学习总结表见表 3-8。

表 3–8　学习总结表

主要学习内容	学习方法	学习心得	待解决的问题

续表

主要学习内容	学习方法	学习心得	待解决的问题
整体总结：			

学习检测

1．版式设计不包括（　　）。

A．文件扩展名　　B．标题层次　　C．文本格式　　D．图表排版

2．进行页面布局时，为更好地对齐内容，通常采用（　　）辅助设计。

A．轮廓线　　B．网格线　　C．边框线　　D．辅助线

3．与普通排版不同，如果想让文字的位置能随意移动，通常会将其放在（　　）中。

A．文本框　　B．图片中　　C．表格中　　D．图形中

4．使用 WPS Office 软件新建文档时，默认页面大小为（　　）。

A．A4　　B．A5　　C．B4　　D．B5

5．版式设计的基本规范不包括哪项？（　　）

A．外观设计强调整体感　　B．突出中心内容

C．内容中文字比例高于 50%　　D．注重色彩协调

任务 3.4 新媒体中的图文编辑

随着移动通信和网络技术的发展，信息技术已通过移动终端设备融入人们的办公、生活、娱乐中，越来越多的企业采用微信公众号、订阅号等方式进行企业宣传，在时代发展的大潮中，“流量营销”对于扩大市场份额的作用越来越大。玩转新媒体，就能抢占企业宣传的先机。

任务情境

小明将 WPS 版的《企业宣传册》递给邵总，邵总看完后表示非常满意，并说：“尽快印出来，三天后投入使用。”

“对了，上次聊到在网上也做一下推广，你考虑得怎么样了？”邵总说完笑着看小明。

“现在有一种比较流行的 H5，不但包含文字内容，而且配合图像和动画效果，还有背景音乐。咱们上次开业的时候就做过一个 H5 的邀请函，并发给了 VIP 客户，您看做一个

那种效果的 H5 好吗？”

“好啊，扫个二维码就能看，很方便。”

得到邵总的同意，小明回到办公室，利用宣传册的素材，开始制作企业宣传 H5。

学习目标

1. 知识目标

（1）了解常用 H5 制作平台，以及 H5 制作及发布的流程。

（2）了解 H5 编辑中各种元素的属性及使用方式。

2. 能力目标

能根据业务需求完成 H5 图文编辑及 H5 作品发布分享等。

3. 素养目标

（1）培养学生利用新媒体的意识、使用信息技术解决问题的意识、计算思维、数字化学习创新意识。

（2）培养学生遵守信息法律法规及社会道德规范的意识，并强化信息隐私及公共信息安全意识。

活动要求

借助学习资料和网络资料，开展自主学习，了解 H5 平台，了解制作 H5 的技巧，进行实践练习，制作用于企业宣传的 H5。

任务分析

传统的图文编辑软件如 Word、WPS Office 是全球应用范围较广的办公软件，但随着新媒体的发展，出现了更多的图文编辑平台及软件。

小明将选用一个 H5 平台制作用于企业宣传的 H5。对任务的分析如图 3-53 所示。

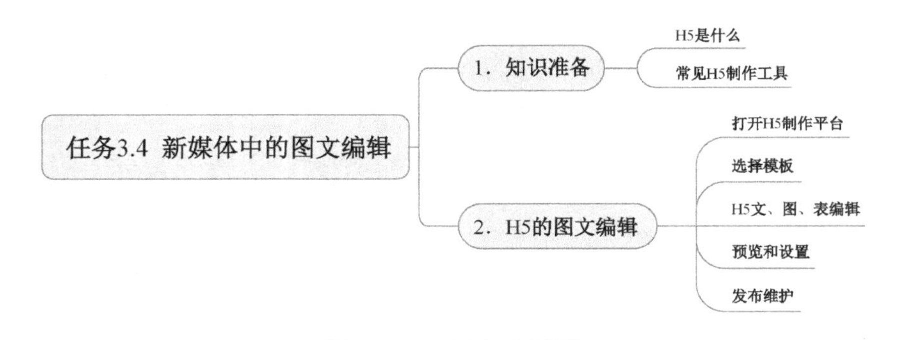

图 3-53 任务分析图

任务实施

根据邵总的安排，小明要使用上文中的资料，制作一份用于企业宣传的 H5。下面我们跟小明一起动手制作吧。

1. 知识准备

（1）H5 是什么

H5 是指在计算机终端或移动终端可以播放的，能呈现 Flash 效果（如各种动画，互动）的，用于广告、营销的，具有酷炫效果的网页。

H5 通俗地说就是一种编程语言，是随着近年来互联网移动终端的使用，尤其是各种社交软件的普遍应用而出现的技术。由于微信迅速地崛起，H5 语言编写的界面与微信浏览器比较兼容，使借助微信迅猛发展起来。H5 又叫互动 H5，相当于微信上的 PPT，主要是用于品牌方传播和推广的载体。

H5 的最大优势就是可以在网页上直接调试和修改，近年来 H5 技术已经在互联网（尤其是移动互联网）传播领域发挥着越来越重要的作用。

（2）常见 H5 制作工具

制作 H5 需要专门的计算机软件或手机 App。制作 H5 的平台有很多，手机 App 与计算机中的软件功能基本相同，但用手机更便于随时随地操作。常用软件平台有易企秀、MAKA、兔展、婚礼纪等。不同平台的侧重点不同，有的侧重于各种庆典场合的使用，有的侧重于为公司经营提供帮助，各平台基本都提供 H5 制作、海报、长页、表单等工具。

经过对各平台的试用和对比，小明决定采用易企秀平台来制作企业宣传 H5。在页面设置方面，易企秀提供了非常多的功能，用户可以根据需要选用（有的项目需要支付“秀点”才能使用）。小明计划用易企秀的免费模板制作一份用于企业宣传的 H5。

2. H5 的图文编辑

（1）打开 H5 制作平台

以“易企秀”平台为例。打开计算机浏览器，在地址栏中输入易企秀网址并按 Enter 键，打开易企秀网站首页，如图 3-54 所示。

图 3-54　易企秀网站首页

单击页面右上角的“注册”按钮，选择使用微信号注册或手机号注册，也可使用QQ号及微博账号等注册。根据网站提供的流程完成注册（已注册过的用户跳过注册步骤）。

注册成功后，单击页面右上角的“登录”按钮，使用已经申请的用户名和密码登录网站。

（2）选择模板

模板是制作H5的“模子”。易企秀提供的模板种类很多，有H5、长页、表单、视频等，小明选用的是H5模板。H5模板根据其用途、行业、功能等不同分为许多类。不同模板的主色调、呈现形式等不同，向受众传达的信息也不同。小明选用“宣传促销”中“企业宣传”分类下的“网络科技”类模板（选择路径如图3-55所示），并在其中选中排版、配色与本公司相符的“免费版科技商务企业宣传公司介绍宣传招商画册”，如图3-56所示。

图3-55　示例模板选择路径

单击该模板进入预览模式，就能看到该模板各页面的呈现内容、呈现方式、背景音乐等。

免费版科技商务企业宣传公...

图3-56　易企秀模板示例

该模板由6个页面组成，分别为①封面②公司团队③产品展示④商务合作⑤关注我们⑥封底。根据需要，小明计划多制作几页“产品展示”以全面展示公司信息，另外，由于不需要受众填写“商务合作”页面信息，故将此页面删除。

需要说明的是，大多数平台提供的H5模板分为免费和收费两种。免费模板通常界面简单，但其美观程度及功能都比收费模板差一些。易企秀的收费模板可以使用“秀点”来购买。“秀点”可以通过以下几种方式获取：用易企秀网站论坛积分可换取秀点，参加易企秀不定期举办的活动可得到秀点，付费购买秀点。

（3）H5文、图、表编辑

确定模板后，单击“立即使用”按钮，即可生成该模板的H5应用场景编辑界面，开始对该场景的页面逐一进行编辑。

编辑界面的中间是场景窗口，也是单个页面编辑区；该界面左侧是单页模板区，可为当前编辑页进行功能设置或元素设置；该界面上端列出的是编辑工具，可用于在页面中添加元素；该界面右侧为场景选项和页面管理面板区，可对此场景进行保存、预览、发布等操作，以及页面增删等操作。

单个页面的编辑设置主要是根据需要对内容呈现进行编辑，包括对文字、图片、音乐、动画效果等的编辑及设置。模板页面自带的元素已经做好格式设置，可根据实际需求编辑、调整、修改文字、LOGO、图片等元素，也可通过页面上端的按钮来插入文本框、图片等新的元素。

小明根据已经制作好的纸质宣传册，对 H5 页面逐一进行编辑。

①编辑封面页

在“页面管理”中双击“第一页”，重命名为“封面”（通常将页面名称设置为简洁直观的，目的是直接标识该页面的作用）。

先更换页面中的 LOGO 图片。在编辑区单击页面上的示例 LOGO 图标，弹出“组建设置”面板，单击“更换图片”按钮，在弹出的对话框左下角单击“本地上传”按钮，选择保存在本计算机中的“小新公司 LOGO 图片”并上传，然后选取上传后的该图片，即可替换原 H5 页面中的 LOGO 示例图片。易企秀可以保存用户上传的图片，图片一经上传即可保存在该账户的图片库中，以备随时使用。

然后修改文字。双击页面的文本编辑区即可进入文本编辑状态，删除原文本框中的文字，并输入“北京小新科技公司”“科/技/改/变/生/活”等，即可完成文字修改。

最后保存修改。单击界面右上角的“保存”按钮，将以上内容保存，该页面的编辑效果如图 3-57 所示。

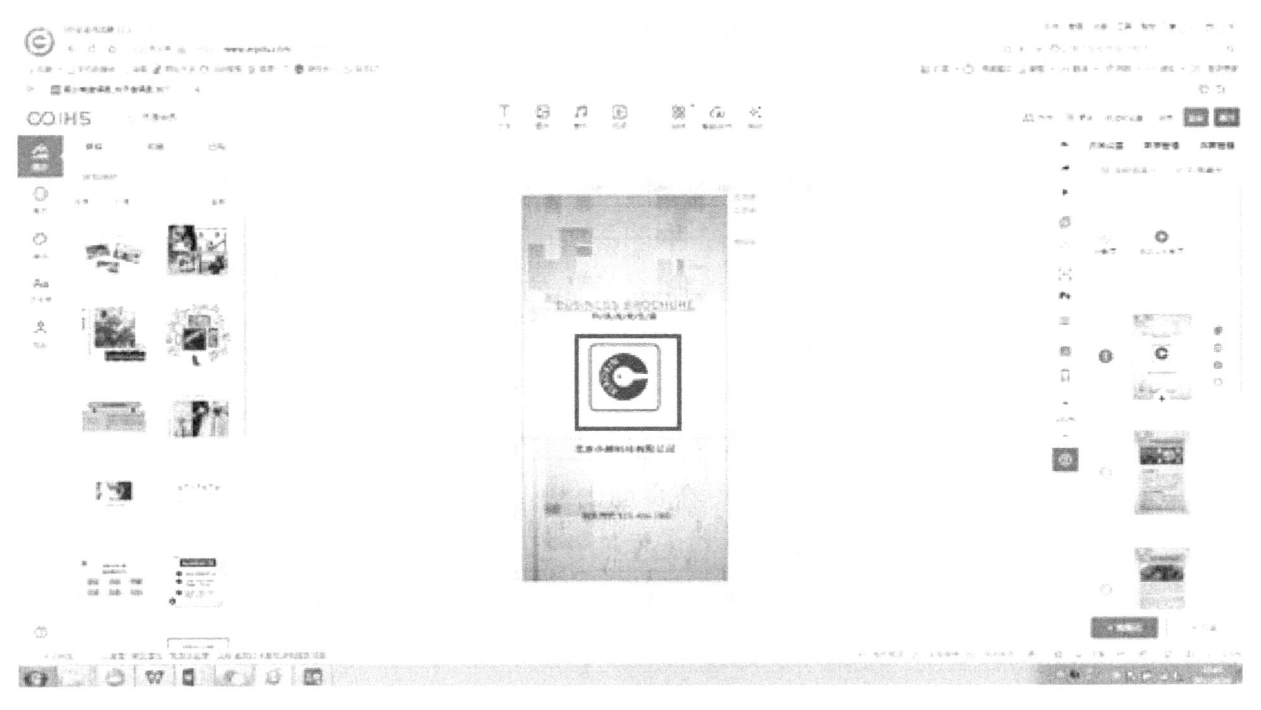

图 3–57 封面编辑效果

②编辑内容页

内容页主要用于展示公司信息。小明浏览 H5 模板的各个页面后，发现有的页面在布局、内容呈现方面都很符合自己的需求，但有的页面自己并不需要（如图 3-58 中标号为③的页面），所以需要对页面进行增删操作。

图 3-58　内容页面选取

先删除不必要的页面。在界面右侧的“页面管理”面板区单击标号为③的页面，在其右侧出现的几个按钮选项中，单击“垃圾桶”形状的小图标，即可在系统的引导下将该页面删除。

然后进行页面的复制操作。在界面右侧的“管理页面”面板区，将鼠标光标放在标号为①的页面上，该页面右侧会出现四个命令按钮图标，用鼠标单击第一个“复制当前页面”图标，系统就能自动复制一个相同的页面。使用同样的方式复制标号为②的页面。这样就准备好了 4 个页面，用于展示公司资料，如图 3-59 所示。

图 3-59　复制页面

最后编辑各页面的文字、图片等内容，编辑过程中随时保存。

【编辑文字】

插入文本框。单击窗口上端的“文本”按钮（“T”字图标），即可在页面中插入一个文本框并进入编辑状态。如果页面中原来有文本框，也可双击其中的内容进入编辑状态。

输入文字。可手动输入文字，也可通过复制粘贴的方式输入文字。

编辑文本框大小。通过文本框边缘的操作手柄，可以对文本框进行缩放和旋转。

编辑文字内容。双击文本框内部既可进入编辑状态，又能触发“组件设置”面板（如图 3-60 所示），在该面板中可以实现对文字字体、大小、颜色、透明度等的设置，使文本呈现各种效果。文字内容的多少以适合页面结构为宜，字符间距以适合阅读为宜，不要过密或过疏。

图 3-60 “组件设置”面板

【编辑图片】

插入图片。可以在界面左侧的模板区选取适合的“图文”和“装饰”，插入页面，也可以单击界面上端的“图片”按钮，在出现的“图片库”对话框中，通过“在线制作”“手机上传”“本地上传”等按钮将图片上传到本人账户的图片库中。

小明单击“本地上传”按钮，先上传准备好的图片，然后选中并插入页面中，再对图片大小和位置进行微调，得到的最终效果图如图 3-61 所示。

其余 3 个内容页也用同样的方式进行编辑设置。图表编辑同 WPS 操作相似。

③编辑封底页

易企秀的尾页默认是广告页，如果想要去除广告页，则需要支付“秀点”，我们要编辑的封底页是倒数第二个页面。

封底页一般用于显示企业地址、联系方式等信息。小明计划在本页显示本公司的具体地址，以便客户能直接使用导航工具顺利抵达。

单击该页面进入待编辑状态，将多余的文本框删除，仅留上端一个文本框并保留“关注我们”字样；插入公司二维码图片并调整图片的大小和位置；依次单击“组件”“地图”，将地图插入本页，设置地图组件的地址并指向小新科技公司的准确地址；单击“保存”按钮，本页设置完成，如图 3-62 所示。

（4）预览和设置

各页面编辑完成后，单击界面右上角的“预览和设置”按钮，对企业宣传 H5 进行通篇预览和检查。主要检查以下几方面：①内容是否齐备；②信息是否准确，即是否有错别字，联系电话和地址信息是否准确等；③呈现顺序是否合理；④呈现效果是否良好，即配色、配图是否与内容协调，字体字号是否合适，背景音乐是否需要更换等。

预览过程中可随时返回编辑状态进行修改，内容检查完毕，进行本 H5 显示信息的设置：将“标题”设置为“小新科技服务公司介绍”；将“描述”设置为“科技改变生活”，如图 3-63 所示。

图 3-61　效果图

图 3-62　封底页

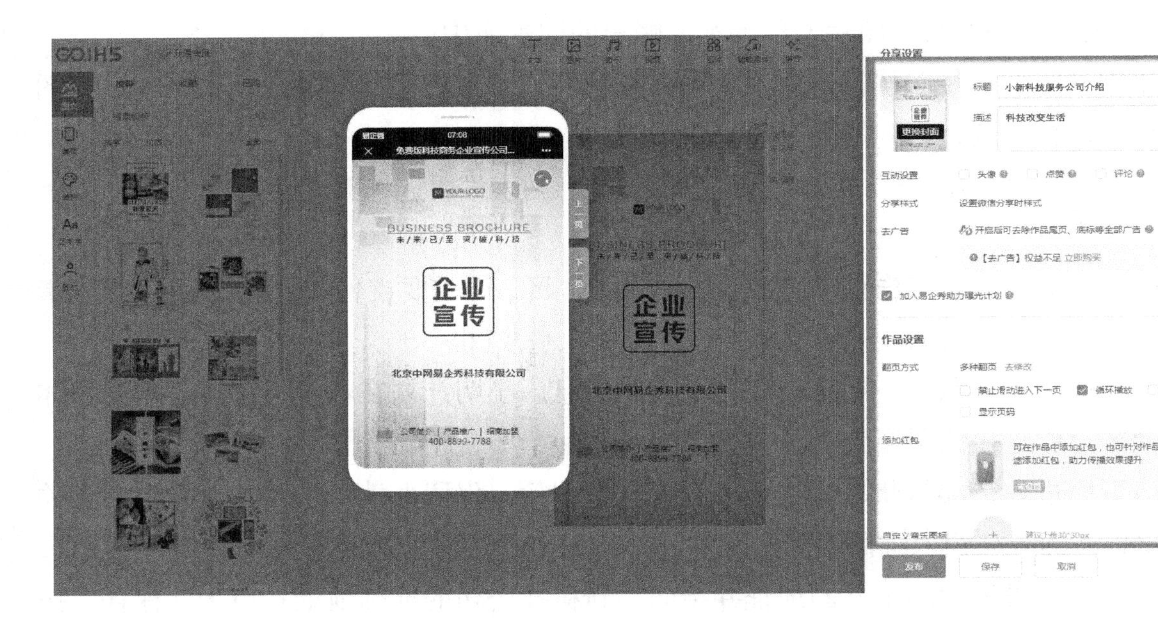

图 3-63　预览与设置

（5）发布维护

小明已经制作完成企业宣传 H5，下一步的任务就是将其分享给客户。单击网页右上角的“发布”按钮，进入发布页面，根据需求选择二维码分享或链接分享。

制作好的 H5 如图 3-64 所示。

图 3-64　制作好的 H5

学习检验

亲爱的读者，小明已经将 H5 制作完毕，在此过程中，他不断探索，边学边做，通过对网络资源的搜索、网络平台的使用等，收获了新的经验。小明对制作 H5 产生了浓厚兴趣，他打算在业余时间继续探索易企秀、MAKA 等平台，了解这些平台更多的功能。

下面我们和小明一起回顾任务中的知识技能点，填写完成情况评价表（见表 3-9）。

表 3-9　完成情况评价表

任务要求	很好	好	不够好
能说出 H5 的作用			
了解常用 H5 制作平台			
能说出易企秀 H5 的编辑技巧			
能说出制作 H5 的基本流程			
会 H5 的发布及维护			

学习小结

学习总结表见表 3-10。

表 3-10　学习总结表

主要学习内容	学习方法	学习心得	待解决的问题
整体总结：			

拓展学习

在学习图文编辑软件的过程中，小明了解到除了 Word、WPS 文档等常用办公软件，随着移动通信网络的发展和多媒体技术的不断进步，图文编辑功能的用处越来越广，微信公众号、订阅号已成为企业宣传的重要阵地。对于企业来讲，数据资料也呈现出各种图文形式，让我们跟小明一起学习相关知识吧。

一、公众号文章编排软件

随着新媒体和移动网络的发展，越来越多的信息咨询会推送给移动终端。作为一种被广泛使用的社交平台，微信目前（2021 年初）的日均使用人数达到 10.9 亿。拥有如此庞大的用户群，微信公众号成为企业必争的宣传阵地。难怪邵总催促小明抓紧时间将公司宣传内容上传到公众号上。

公众号中的文章是展示公司文化、宣传公司业务的利器，文章内容及呈现效果能影响用户的观感，也会直接影响宣传效果，引人入胜的文章及优美的编排效果能在观者内心形成加分效应，因此小明决定好好研究一下公众号文章的编排，尽量取得更好的宣传效果。

微信公众号提供自带的文章编辑器，使用者登录微信公众号，即可使用其自带的编辑器进行文章排版。除此之外，还有很多专用的公众号文章编辑器，我们平常看到的很多编排精美的文章，就是使用了不同编辑器的不同模板，才呈现出各种精彩的效果。

二、WPS 学院

WPS 学院是 WPS 软件所属公司——金山软件股份有限公司专为 WPS 使用者提供的学习交流平台，它主要提供 WPS Office 的相关知识、使用技巧等，还提供大量的操作视频，以便学习者能快速学会。

三、图文数据库

图文数据库

管理信息系统是计算机发展的一个重要应用方向。数据库技术是信息系统的核心。图文数据库是伴随多媒体技术而产生的新型数据库形式，它的主要特点是在数据库系统中能够同时管理文字和图像信息。

与传统的数据库一样，图文数据库能够利用数据库信息产生的像直方图、圆饼图一类的图形。图文数据库对图像信息管理是指对图片或图像文件的管理，这是它对传统数据库管理系统的功能的扩充。图文数据库特别适合用作人事档案管理、罪犯管理、车辆管理、文物资料管理等需要对图片进行管理的系统。图文数据库对图像实施管理的关键是把记录中的图像文件显示在计算机的屏幕上。

学习检测

1．通常来讲，制作 H5 作品的流程为（　　）、（　　）、（　　）、（　　）、（　　）。

A．准备素材　　B．选择模板　　C．登录平台

D．发布维护　　E．编辑制作

2．以下不属于 H5 特点的是（　　）。

A．易企秀　　B．MAKA　　C．创客贴　　D．百度

3．由于 H5 中的元素具有“层”的概念，所以我们在插入 LOGO 图片时经常会使用背景透明的（　　）格式。

A．.jpg　　B．.gif　　C．.png　　D．.tiff

4．以下关于 H5 的说法，正确的是（　　）。

A．可根据需要增删页面

B．一旦运行就无法再修改

C．平台 LOGO 作为平台标志，一定会呈现在作品中

D．如果 H5 中使用表单收集反馈信息，则需要向平台付费

5．如今 H5 被越来越广泛地使用，其原因不包括（　　）。

A．H5 设计简单、易上手

B．移动网络的发展，智能手机的普及

C．H5 呈现形式丰富多样

D．互联网已进入 H5 时代

反侵权盗版声明